LES CINQ LIVRES DES ZETETIQVES DE FRANCOIS VIETTE.

MIS EN FRANCOIS, COMMENTEZ ET augmentez des exemples du Poristique, & Exegetique, parties restantes de l'Analitique.

Soit que l'Exegetique, soit traitté en Nombres ou en Lignes.

Par I. L. *sieur de* VAVLEZARD *Mathematicien.*

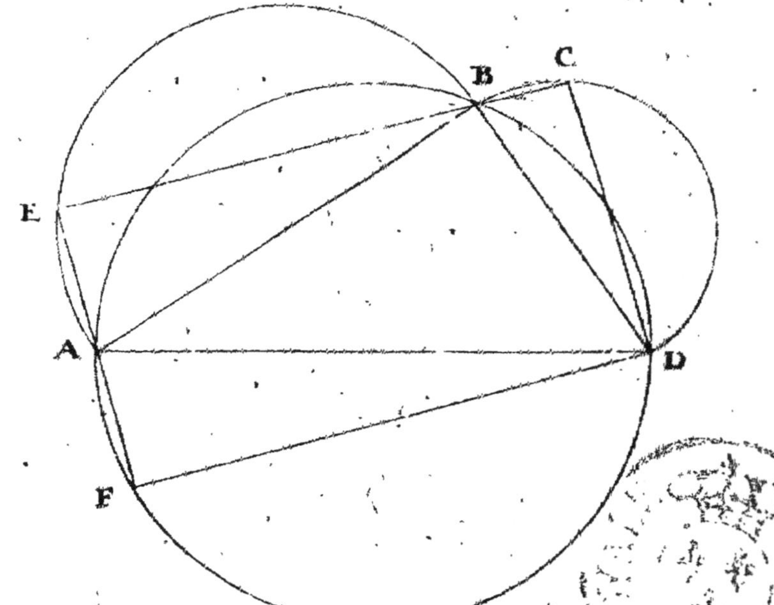

A PA IS.

Chez IEAN D'HOVRY, au bout du Pont-neuf, sur le Quay des RR. PP. Augustins, à l'Image S. Iean.

A MONSIEVR

MONSIEVR DE

BEAVGRAND.

MONSIEVR,

Voulant faire voir la lumiere à ce liure & le donner au public, i'ay creu deuoir imiter ceux, qui en de pareilles occasions font élection d'vn homme: dont le nom posé au frontispice de leur œuure, les authorise: Differant neantmoins au sentiment de la pluspart d'iceux, qui n'ont égard qu'à la grandeur & à

A ij

la qualité releuée de celuy, auquel ils
dedient leurs ouurages, sans se sou-
cier s'il est capable de iuger de la va-
leur du present. Et c'est cette rai-
son qui m'a fait vous choisir parmy
tant de beaux esprits : dont nostre
France est honorée, pour vous offrir
les cinq liures des Zetetiques de feu
Monsieur Viette, & ce d'autant
plus volontiers, que ie sçay combien
la memoire de ce diuin personnage
vous est chere, & par consequent, vous
n'aurez pas des-agreable d'en pren-
dre la protection. Mais, à qui les
eusse-ie pû mieux adresser qu'à vous,
MONSIEVR, qui non seulement
auez vne cognoissance tres-parfaite
de l'Analitique, Mais qui encores
possedez si absolument toutes les au-
tres parties des Mathematiques, que

ſi l'on doit eſperer de voir ces belles
ſciences reſtituées au point où elles
ont autrefois eſté, on a grand ſuiet de
croire que ce ſera par voſtre ſeul moïẽ.
Receuez donc, s'il vous plaiſt, de
bon œil cette offre, auec celle que vous
fait de ſon tres-humble ſeruice,

MONSIEVR

Voſtre tres-humble & affectionné
ſeruiteur I. L. de VAVLEZARD.

ADVERTISSEMENT
AV LECTEVR.

YANT recogneu l'œil du-
quel tu as receu l'Introdu-
ction en l'art Analitic,
i'ay esté obligé de m'a-
quiter de ce que i'auois
promis, & te faire voir ses cinq liures
des Zetetiques, qui viennent d'vn mes-
me Autheur que l'Introductiõ, i'ay ac-
cõmodé cette traductiõ d'vne façõ sé-
blable à l'autre, tu trouueras ce qui est
de l'autheur en lettre Italique; les cõ-
mentaires de lettres Romaine: Il y a
quelque chose de l'autheur, qui n'estát
qu'en peu de discours, i'ay dauantage
estendu, comme les Exegetiques en
Nombres, que i'ay mis de mesme lettre

que mes commentaires, pour ne les rédre difformes par la diuerſité de caraçteres. Outre ce que Monſieur Viette a fait en ce traité, qui diſcourt ſeulement du Zetetique,i'ay adjouſté la 2ᵉ. & 3ᵉ. partie de l'Analiſe : ſçauoir, le Poriſtique & Exegetique, traitant l'Exegetique tant ſelon les Nombres que Lignes ; c'eſt à dire, emploiát ſon office pour la ſolution des Zetetiques propoſés, & en la Geometrie & en l'Arithmetique , qui eſt ſon accompliſſement. l'euſſe attendu à te donner ce traicté apres les notes, n'euſt eſté que quelque enuieux de mon labeur,bien que petit, ſe vante d'eſcrire côtre moy, & me reprédre d'auoir oſé te faire cognoiſtre le nõ, & les œuures de noſtre Autheur : mais craignant qu'il n'euſt aſſez de matiere dans ma verſion de l'Introduction,i'ay fait auancer cecy

pour suppléer à ce qu'il luy deffau-
droit pour grossir son volume. At-
tendant le reste des œuures de Mon-
sieur Viette, reçois celles-cy, & fais-
en iugement selon ton sens, & selon
la verité. A Dieu.

LE PREMIER

LIVRE DES ZETETIQVES
DE FRANCOIS VIETE.

ZETETIQVE I.

STANT donnée la difference de deux costez, & l'aggregé d'iceux, trouuer les costez.

Soit donnée la diference des deux costez B. l'aggregé d'iceux D. il faut trouuer les costez.

Soit le moindre costé A. le maieur sera A+B. donc la somme des costez sera 2A+B: Mais la mesme est donnée D; parquoy 2A+B sont egaux à D, laquelle equatiõ est reduite par l'Antithese de B sous cõtraire affection de signe, en 2A egaux à D—B, & le tout estant diuisé par 2; A sera esgal à $\dfrac{D-B}{2}$

B soit 40. D 100. A vaudra 50—20. c'est 30. & A+B 70. leur somme 2A+B, 100. leur diference 40, conforme au requis.

Ou soit le maieur costé E. donc le moindre sera E—B

B

partant l'aggregé des coſtez 2E—B : mais D eſt poſé pour le meſme aggregé ; donc 2E—B ſont egaux à D, laquelle equation ce reduiſt par addition de B, en 2 E egaux à D+B, puis prenant la moitié du tout ; E ſera egal à $\frac{D+B}{2}$.

Parquoy E vaudra 70. E—B, 30. deſquels la diference eſt 40. & la ſomme 100.

Donc eſtant donnée la difference des coſtez & l'aggregé d'iccux ; on trouuera les coſtez.

THEOREME.

La moitié de l'aggregé des coſtez, plus ou moins la moitié de leur diference, eſt egale au maieur ou mineur coſté.

EN LIGNES.

DAutant que les ſolutions des Zetetiques propoſez par l'autheur ſont generales tant pour la quantité continuë que diſcrete, c'eſt à dire qu'elles s'étendent des choſes propoſées en lignes & en nombres ; nous donnerons l'inuention de trouuer la choſe requiſe lors qu'elle ſera propoſée en lignes, tout ainſi que nous l'auons donnée en nombre, de ceſte ſorte.

Soit l'aggregé de deux coſtez la ligne AB & la diferéce C. &c. par la conſequence tirée du Zetetique la moitié de la ſomme de AB & C ſera le maieur, & la moitié de leur diferences le mineur ; Donc ſi la ligne eſt prolongée iuſques en E, de ſorte que BE ſoit egale à C, & que AE ſoit diuiſée en deux egalement au point F, les coſtez requis ſeront AF maieur, & FB mineur.

Que cela soit il est euident; puisque AE est egale à AB & C & quelle est diuisee en deux egalement au point F; car AF difere de FB, en BE egale à C diference des coftez, & la fomme d'iceux est AB &c.

SCHOLIE.

Il conuient remarquer en ce lieu, que ce Zetetique comme auffi la plus part des fuiuans, ce peuuent non feulement apliquer à deux grandeurs ayans longueur feulement, comme font les coftez : Mais generalement à toutes autres grandeurs, pourueu que la fomme & la diference propofee foient de mefme genre, foit que la queftion foit faite de plans, folides, plans plans, &c, Car fi B plan eftoit propofé pour diference de deux plans & D plan fomme d'iceux; lors pofant ce moindre, A plan. Le mefme A plan feroit egal à $\frac{Dp - Bp}{2}$ comme deffus : pareillement pofant Ep le majeur, E plan feroit egal à $\frac{Dp + Bp}{2}$,

& la mefme chofe s'enfuiuroit aux folides, plansplans &c. i'ay dit pourueu que l'aggregé & difference propofée foient de mefme genre : d'autant que les grádeurs hetereogenes ne peuuét eftre côparée les vnes aux autres, ny encore moins adjouftées. Or les grandeurs font dites de mefme genre quand elles font en pareil degré de comparaifon des grandeurs, comme Exemple, D folide & B cube font dis eftre de mefme genre, pour eftre en pareil & égal degré de comparaifon du genre des grandeurs : fçauoir au troifiéme. Ainfi D quarré—quarré & B plan—plan, font de mefme genre pour eftre chacun au quatriéme degré

de l'eſchelle de comparaiſon. Les grandeurs hetereo-
genes ou de diuers genres ſont celles leſquelles ne
ſont en pareil degré de comparaiſon, comme B plan
& D ſolide ſont hetereogenes; d'autant que l'vne ce
rencontre au deuxieſme degré, & l'autre au troiſié-
me, & ainſi des autres. Pour conceuoir ce qui eſt dit
de la comparaiſon des grandeurs. Faut veoir le troi-
ſiéme Chap. de l'introduction.

ZETETIQVE II.

EStant donnée la diference de deux
coſtez, & la raiſon d'iceux; trou-
uer les coſtez.

Soit B la diference donnée entre les coſtez, la raiſon du
mineur coſté au majeur, comme R à S. Il faut trouuer les
coſtez.

Le mineur coſté ſoit A; donc le majeur ſera $A+B$; par-
quoy A eſt à $A+B$ còme R à S. laquelle Analogie eſtãt reſã-
luë a egalité par le produit des moyens R & $A+B$, & ce-
luy des extremes S & A, en SA egal à $RA+RB$, & par
trãslation ſous ſigne cõtraire de RA, RB ſera egal à $SA-$
RA, le tout eſtant diuiſé par $S-R$, $\dfrac{RB}{S-R}$ ſera egal à A.

D'où s'enſuit par la cõſtitution de ceſte equation en pro-
portion, que $S-R$ ſera à R comme B à A.

Sy B eſt poſé 12. S 3. R 2. $\dfrac{RB}{S-R}$ ſera 24. pour la valeur de A & A ✝ B, 36. dont la difference est 12. & la raison comme 2 à 3 selon le Requis.

Item soit le majeur costé E, le mineur costé sera E—B; donc comme S à R ainsi E à E—B. Laquelle Analogie estant resoluë en égalité par le produit des extremes SE—SB égal au produit de moyens R E. Et par translation conuenable S E—R E egal à S B. Partant S—R sera S comme B à E. ª.

Parquoy E est 36. sçauoir le quatriéme terme proportionné à 3—2, 3. & 12. E—B 24. qui sont les costés, desquels la difference est 12. & la raison comme 3 à 2.

Donc estant donnée la difference de deux costez, & la raison d'iceux; on trouuera les costez.

THEOREME.

Comme la difference des costez semblables, est au majeur ou mineur costé semblable, ainsi la difference des vrays costez, au majeur ou mineur vray costé.

EN LIGNES.

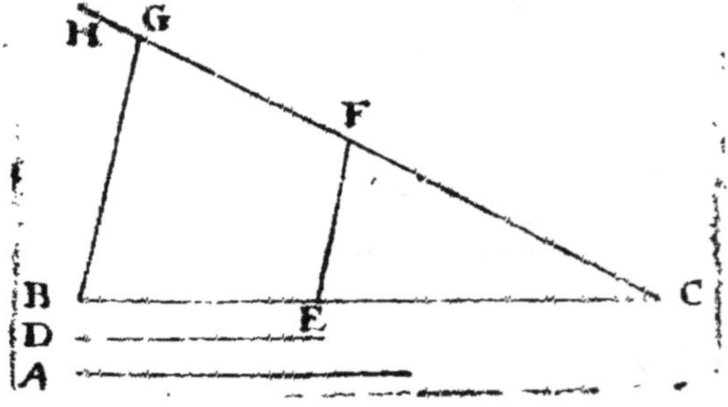

L A difference des costez soit A & la raison du majeur au mineur, comme BC à D. soit retranchée de BC la ligne BE egale à D: puis au point C tirée vne ligne droite infinie C H, fur laquelle ayant pris C F égale à A, & conjoints E & F, s'y du point B & menée la ligne B G parallele à E F, coupant C H en G; les coftez requis feront G C, G F.

Car ils different entr'eux de la ligne F C égale à A, & leur raifon eft comme B C à E F; c'eft à dire B C à D. Eucl. l. 6. p. 2. & 4. ce qui eftoit propofé.

SCHOLIE.

CEfte Analogie eft engendrée par la deductió des deux parties de l'equation chacune en deux coftés, defquels elles font faites & produites par la multiplication: d'autant que SE—RE. & SB font deux Rectangles produits, l'vn: fçauoir S E—R E de S—R par E; l'autre qui eft S B des coftez S & B. & partant par la quatorziéme prop. du fixiéme d'Eucl. Ils auront les coftez reciproques, c'eft à dire que S—R fera à S comme B à E, de la mefme façon l'on entendra eftré côftituées cy-apres toutes les égalitez en Analogies, par la deductió des coftez fous lefquels les parties de l'equation font contenues, en les eftabliffant reciproques les vns aux autres.

Or des Analogies tirées des deux equations de ce Zetetique s'enfuit que fi quatre grãdeurs font proportionnelles, auffi elles feront proportionnelles eftant diuifées. Car par la derniere partie, S eft à R comme E à E—B, or en diuifant S—R eft premier terme R fecond. B troifiefme & E—B quatriefme: Mais S—R eft à R comme B à E—B c'eft à dire à A; partant les grandeurs proportionnelles, eftant diuifées feront auffi proportionnelles, ce qu'il falloit noter.

ZETETIQVE III.

S'tant donnée la somme des costez, & la raison d'iceux; trouuer les costez.

Soit la somme des costez, G. & la raison du mineur au maieur comme R à S. Il faut trouuer les costez.

Le moindre costé soit A. donc le maieur sera G—A. Parquoy A est à G—A comme R à S. laquelle Analogie estant resoluë. SA sera esgal à RG — RA. Et la translation faicte selon les preceptes: sçauoir adioustant RA à chasque partie de l'equation, SA+RA sera egal à RG, d'où vient que comme S+R sera à R ainsi G à A.

Sy G est posé valoir 60, R 2. S 3. A vaudra 24 quatriesme proportionnel à 3+2. 2 & 60 G—A. 36. dont la somme est 60. & la raison comme 2 à 3. suiuant le proposé.

On le maieur costé soit E, le mineur costé sera G—E. donc comme S à R ainsi E à G—E. laquelle Analogie, estant resoluë, RE sera egal à SG—SE. Et la translation estant faicte selon l'art, par la commune adition de SE, SE+RE sera egal à SG. parquoy comme S+R sera à S, ainsi G à E.

Partant le quatriesme proportionnel à 3+2. 3 & 60 lequel est $\frac{180}{3+2}$, c'est à dire 36, est egal à E. & G—E est faict 24. dont la somme est 60, & la raison comme 3 à 2.

Donc eſtant donnée la ſomme de deux coſtez, & leur raiſon; on trouuera iceux.

THEOREME.

Comme la ſomme des deux coſtez ſemblables, eſt au maieur ou mineur coſté ſemblable, ainſi la ſomme des vrays coſtez, au maieur ou mineur vray coſté.

EN LIGNES.

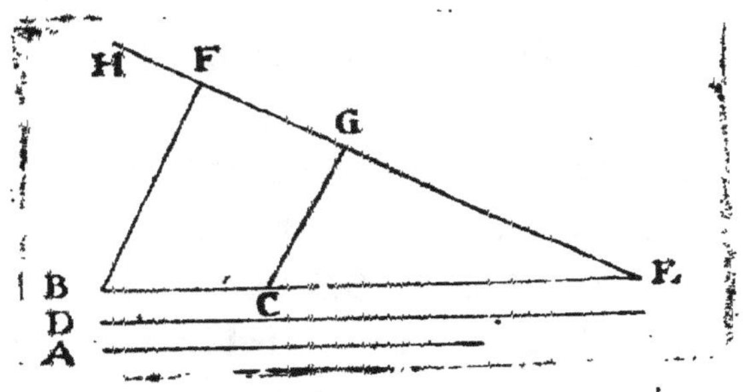

L'aggregé des coſtez ſoit **A**, & la raiſon d'i-
ceux, comme **BC** à **D**. ſoit prolongée **BC** iuſques
en **E**, de ſorte que **CE** ſoit égale à **D**. Et du point
E tiree la ligne droite **EH** ſur laquelle ſoit priſe **E**
F, égale à **A**: en apres du point **B** au point **F** ſoit ti-
ree la ligne droite **BF** à laquelle ſoit faite parallel-
le **CG**, coupant **EF** en **G**; & les coſtez requis ſe-
ront **FG, GE**.
La

La raiſon eſt que leur ſomme qui eſt E F eſt
egale à A & leur raiſon eſt comme BC à CE, c'eſt
à dire BC à D ce qui eſtoit propoſé.

SCHOLIE.

De ce Zetetique lon peut inferer le contrai-
re du precedent, ſçauoir que quatre grandeurs e-
ſtans proport. Sy elles ſont compoſées, elles ſe-
ront auſſi proportionnelles, dautant que puis qu'il
eſt conſtant que R eſt à S, côme A à G—A, en côpo-
ſant le premier terme ſera S+R, le deuxieſme S, le
troiſieme G, & le quatrieſme G—A: mais S+R eſt à
S comme G à E ou G—A; & partant S+R, R. G &
G—A termes compoſez des quatre proportionnel-
les R à S comme A à G—A ſeront auſſi propor-
tionnelles.

1. Tous tels eſpeces de Theoreme tirez de la ſolu-
tion des Zetetiques ſont inferez par la diſpoſition
de l'equation, ou analogie prouenante d'icelle par
la ſimple ou double operation ſelon les choſes re-
quiſes. Et eſt à remarquer que ce que l'Autheur
appelle coſtés ſemblables tant en ce Zetetique
qu'aux ſuiuans ſont les coſtés donnés pour def-
finir & ſignifier la raiſon des vrays coſtés
que lon cherche lors que leur ſomme ou dif-
ference eſt donnée, ou bien la raiſon que la
grandeur ou grandeurs données ont auec les re-
quiſes, & ſont dits ſemblables à la diference des
vrays : d'autant qu'il ne ſont que la ſemblance des
autres pour n'auoir rien de commun entr'eux ſi-
non la raiſon ou proportion qu'ils ont ſem-
blable : de meſme que les coſtés de deux triangles

femblables, font dits femblables non pour eftre é-
gaux, mais pour correfpondre les vns aux autres,
& eftre proportionnaux auec ceux aufquels ils
conuiennent.

ZETETIQVE IIII.

Stants donnés deux coftés de-
faillans d'vn troifiefme cofté,
auec la raifon des deffauts; trou-
uer le troifiefme cofté.

Soient les deux coftés donnés deffaillans d'vn troi-
fiefme, le premier B, le fecond D, & la raifon du deffaut
du premier au defaut du deuxiefme comme R à S. il
faut trouuer le troifiefme cofté.

Le defaut du premier foit A, dont le troifiefme co-
fté fera B+A: mais pour autant que R eft à S, comme
A à $\frac{S\,A}{R}$, le defaut du deuxiefme fera $\frac{S\,A}{R}$ parquoy; D
+ $\frac{S\,A}{R}$ fera auffi le troifiefme cofté, & par confequent
D + $\frac{S\,A}{R}$ fera egal à B+A, le tout eftant multiplié
par R, DR+SA fera à RB+RA. Et l'equation eftant
ordonnée, par la diference prife de chacune des parties
d'icelle auec RB+SA. DR—RB fera egale à RA
—SA.

Parquoy R═S sera à R, comme D═B à A.

Sy B vaut 76. D 4. R 1. S 4. A sera fait égal au quatriesme proport. à 1═4. 1. & 4═76. lequel est $\frac{4═76}{1═4}$. ou 24. $\frac{S\ A}{R}$ defaut du deuxiesme 96. & le

troisiesme costé B + A ou D + $\frac{S\ A}{R}$, 100. La raison du defaut du premier 24. au defaut du second 96. comme 1 à 4 ainsi qu'il est requis.

Ou soit le defaut du second E, donc le troisiesme costé sera D + E, mais pour autant que comme S est à R ainsi E à $\frac{RE}{S}$, le defaut du premier sera $\frac{RE}{S}$; parquoy B + $\frac{RE}{S}$ sera aussi le troisiesme costé, & partant égal à D + E, le tout multiplié par S. DS + SE sera égal à BS + R E. Et l'equation estant ordonnée par translation prise de la diference de chacune des parties d'icelle auec BS + SE. DS═BS sera égale à RE, ═SE. d'où vient que R═S sera à S, comme D═B à E.

Parquoy, E sera fait égal au quatriesme proport. à 1═4. 4 & 4═76 lequel est $\frac{16═304}{1═4}$. ou

96. le defaut du premier $\frac{RE}{S}$ 24, & le costé ausquelles costés donnés deffaillent D + E, ou B + $\frac{RE}{S}$

100. la raison de 96, defaut du deuxiesme à 24. defaut du premier comme 4 à 1.

Estant donc donnez deux costez defaillans à vn troisiesme, auec la raison des deffauts; on trouuera le troisiesme.

C ij

THÉOREME.

Comme la difference des deffauts sem-
blables au defaut semblable du premier ou
deuxiesme costé, ainsi la diference des
vrays costés deffaillans (laquelle est aussi
celle des deffauts a *) au vray deffaut du*
premier ou second costé. Lequel deffaut
conuenablement adiousté au costé auquel
il conuient est fait le troisiesme costé.

EN LIGNES.

Les deux costés deffectueux à vn troisiesme
foient l'vn A, l'autre B, & la raifon du defaut de
A au defaut de B, comme C à D.

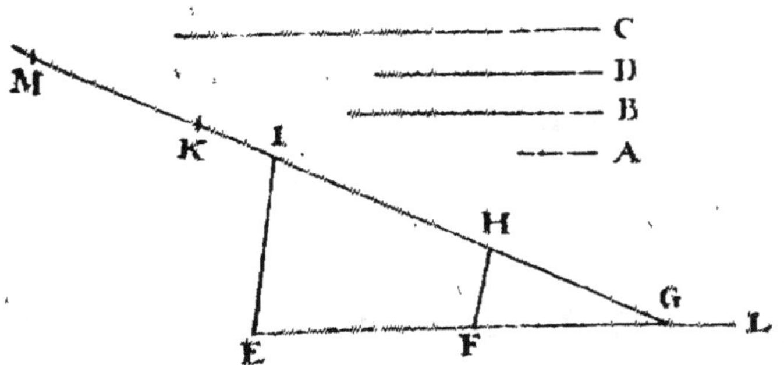

Soit tirée la ligne droite E L, tant grande qu'il ſuffiſe, ſur laquelle du point E ſoient priſes E G EF égalles, à C & D chacune à la ſiene; en apres du point G, ſoit menée la ligne G K, ſur laquelle ſoit priſe G H, égale à la difference de A à B, & tirée FH, à laquelle ſoit parallelle EI coupant G K en I. Et les deffauts de A & B au troiſieſme coſté ſeront IL & IH; & partant ſi GI eſt prolongée en ſorte que I K & I M ſoient égales à A & B, KG & MH ſeront egales tant entr'elles qu'au troiſieſme coſté requis à la iuſte quantité duquel A & B deffaillent.

Que cela ſuiue le ſens du Theoreme, cela eſt apparent : car FG eſt à H G, comme E G à IG; item EF à IH. Eucl.L 6. p. 2. 4. Mais la difference des deffauts ſemblables eſt F G, & la difference de vrais deffaut GH qui eſt l'excez des coſtés deffaillans, E F, E G les deffauts ſemblables; partant par le Theoreme, IH, IG, ſeront les vrais deffauts auſquels adjouſtés, les égales où à A ou à B donnent KG où M H pour le troiſieſme coſté.

Demonſtration du Theoreme.

Il eſt conſtant que la difference des coſtés deffaillans eſt auſſi la difference des deffauts d'iceux au iuſte coſté A ; or la raiſon d'iceux eſt comme EF à EG, donc par le Theoreme du 2ᵉ. Zet. precedét FG difference des coſtés ſéblables ſera à EFou EG côme la vraye difference à l'vn ou l'autre des vrays coſtez : mais ils ont ceſte raiſon auec I H, I G ; donc IH, IG ſeront les vrais coſtés, c'eſt à dire les vrays deffauts à chacun deſquels adjouſtant le coſté duquel ils font les deffauts au troifiefme, la fomme fera le mefme troifiefme cofté requis.

SCHOLIE.

VNE mefme grandeur eftant coupée en deux parties, puis la mefme en deux autres parties la difference de l'vne des parties de la premiere diuifion à l'vne des parties de la feconde eft égale à la difference des parties reftantes de la premiere & feconde diuifion, ce qui fait que la difference des coftez donnez eft égale à la difference de leurs defectuofité auec le troifiefme cofté : Car l'vn & l'autre des coftez auec fon defaut eft le troifiefme cofté ; partant ce troifiefme cofté eft diuifé deux fois en deux parties diferentes : tellement que la difference des deffauts fera égale à la difference des coftés, que cela foit il ce montrera facillement ainfi. La ligne A B foit le troifiefme cofté de laquelle foit coupé AC, égal au premier cofté & AD, au deuxiefme; partant CB fera le defaut du premier, & DB celuy du deuxiefme; or la difference de CB, & DB eft CD: mais la mefme CD eft diference entre AC, & AD; parquoy la difference de AC, AD, fera égale à la difference de leurs defectuofitez ou deffauts qu'ils ont au cofté AB.

Dans les notes premieres pour le Logiftique, l'Autheur donne vn Theoreme de la mefme chofe en la huictiefme propofition.

Ce quatriesme Zetetique,

Autrement.

Stants donnés deux costés moindres qu'vn troisiesme , auec des la raison des defectuosités ; trouuer le troisiesme costé.

Soient derechef deux costés moindres qu'vn troisiesme. Le premier B. Le deuxiesme D.

Estant aussi donnée la raison des defauts du premier, au defaut du second, comme R à S. Il faut trouuer le troisiesme costé.

Soit iceluy A donc le defaut du premier sera $A-B$ & $A-D$ le defaut du deuxiesme ; parquoy comme $A-B$ à $A-D$, ainsi R à S. Laquelle analogie estant resoluë $RA-RD$ sera égal à $SA-SB$, & la translation faite selon l'art $SA=RA$ sera égale à $SB=RD$. Et par diuision des parties de l'equation par vn commun diuiseur $S=R$, $\frac{SB=RD}{S=R}$ sera égal à A.

Sy B est 76. D 4. R 1. S 4. A est fait 100. $A-B$, 24. $A-D$, 96. dont la raison est comme 1. à 4.

Estant donc donnés deux costés moindres qu'vn troisiesme, auec la raison des defectuosités , on trouuera le troisiesme.

THEOREME.

La difference du rectangle contenu sous le premier costé defaillant & le defaut semblable du deuxiesme, au rectangle contenu sous le second costé deffaillant, & le defaut semblable du premier; estant appliquée à la difference des deffauts semblables, engendre le costé requis duquel il est question.

Demonstration du Theoreme par le Poristique.

La verité du theoreme sera renduë palpable, ainsi: la valeur de $\dfrac{SB - RD}{S - R}$ soit F; donc SB — RD sera egale à SF — RF : & quand B est plus grand que D[a], aussi SB est plus grand que RD & S que R si moindre, moindre : aussi si B est majeur que D soit adiousté à chacune partie — SF + RD, ou si moindre — RF + SB, & restera RF — SB egal à RD — RD; partant S sera à R, comme F — D à F — B: mais F est vn costé commun, lequel excede D & & B maieur & mineur costé & la raison de l'excés, (c'est à dire les deffauts d'iceux au mesme) est comme S à R, raison qui est la mesme que celle des deffauts des costez D & B au troisiesme costé requis; donc F sera le costé requis : Or F est egal à

SB

SB═RD ; partant SB═RD sera egal au costé requis
‾‾‾‾‾   ‾‾‾‾‾
S═R   S═R

suiuant le Theoreme.

SCHOLIE.

2. QVE lors que B sera plus grand que D aussi SB soit maieur que RD, SqueR & au contraire cela sera demonstré ; car puisque vn mesme tout est diuisé deux fois en deux parties, sçauoir en B & son deffaut, & D auec le sien, il s'ensuiura que B aura majeure raison à D que le deffaut de B au 3e, au deffaut de D au mesme, c'est à dire que R à S ; partant B sera à D comme R à vn moindre que S, ce qui fait que le rectangle SB sera plus grand que RD, S sera aussi plus grand que R puisque le defaut de B qui est moindre & à celuy de D comme R à S.

Maintenant B estant moindre que D, aussi S B sera moindre que RD, car D sera plus grand que B, & par consequent, ainsi qu'il a esté demontré, R D sera plus grand que SB. ce qu'il falloit demontrer.

ZETETIQVE V.

Stans donnés deux costés excedans vn troisiesme costé, auec la raison des excés ; trouuer le troisiesme costé.

Soient donnés deux costés excedans vn troisiesme costé, le premier B, le second D, soit aussi donnée la raison de l'excés du premier à l'excés du second, comme R

D

à S. *Il faut trouuer le troisiesme costé.*

L'excés du premier soit A; *donc* B—A *sera le troisiesme costé : mais pour autant que comme* R *est à* S *ainsi* A *à* $\frac{SA}{R}$, *l'excés du second sera* $\frac{SA}{R}$; *Parquoy* D—$\frac{SA}{R}$ *sera aussi le troisiesme costé, & partant egal à* B—A. *Le tout multiplié par* R. *donc* DR—SA *sera egal à* BR—RA. *Et l'equation estant ordonnée par la difference de chacune des parties d'icelle à* BR—SA, DR=BR *sera egal à* SA=RA.

D'où, comme S=R *à* R, *ainsi* D=B *à* A.

Si B vaut 60. D 140. S 3. R 1. A est faict quatriesme proportionnel à 3=1.1 & 140=60 lequel est $\frac{140=60}{3=1}$ ou 40. l'exces du deuxiesme $\frac{SA}{R}$, 120. desquels la raison est comme 1. à 3 le troisiesme costé B—A ou D—$\frac{SA}{R}$, 20

Ou, soit l'excés du deuxiesme costé E. *Donc le troisiesme sera* D—E: *mais pour autant que côme* S *est à* R *comme* E *à* RE, *l'excés du premier costé sera* $\frac{RE}{S}$, *parquoy* B—$\frac{RE}{S}$ *sera aussi le troisiesme costé, & par consequent egal à* D—E. *Le tout multiplié par* S, BS—RE *sera egal à* DS—SE, *& l'egalité estant ordonnée par la diference de chacune des parties de l'equation à* BS—SE; DS=BS *sera egal* SE=RE.

D'où, S=R *sera à* S, *ainsi* D=B *à* E.

Partant E excés du deuxiesme, est faict egal au quatriesme proportionnel à 3=1, 3, & 140=60; lequel est $\frac{420=180}{3=1}$, ou 120. l'excés du premier $\frac{RE}{S}$,

40. desquels la raison & comme 3 à 1. & le troisiesme costé D—E, ou B—RE, 20.
$$\frac{}{5}$$

Donc estans donnez deux costez excedans vn troisiesme costé auèc la raison des excés; on trouuera le troisiesme costé.

THEOREME.

Comme la diference des excés semblables à l'excés semblable du premier ou second costé: ainsi la diference des costez excedans (qui est celle des excés a) au vray excés du premier ou deuxiesme costé. Lequel estant soustrait du costé duquel il est excés, est faict le troisiesme costé.

L'exegetique en lignes est semblable à celle du Zetetique precedent, sinon qu'il faut soustraire en ce lieu les excés , chacun du costé auquel il conuient.

SCHOLIE.

a QVE la diferé ce des excés soit la mfme que des costez excedans, il est trop euident; car si AB est le troisiesme costé requis le premier cofté excedant AC ; le fecond AD, il eft certain que BC fera l'excés du premier , & BD l'excés du fecond; la diference defquels eft CD: mais le mefme CD eft auffi diference entre le premier cofté excedant AC & le fecond cofté excedant AD; parquoy de deux coftez excedans vn mefme cofté la diference des excés fera egale à la diference des coftez excedans, &c.

Voyez le Theoreme de la neufiefme propofition des Notes.

AVTREMENT.

Eftans donnez deux coftez excedans vn troifiefme cofté , auec la raifon des excés; trouuer le troifiefme cofté.

Soient derechef donnez deux coftez excedans vn troifiefme, le premier B, le fecond D, & la raifon de l'exces du premier à l'exces du fecond, comme R à S. il faut trouuer le troifiefme cofté.

A foit ce troifiefme cofté; donc A——B fera l'exces du premier, & D——A l'excés du fecond. Pourquoy comme B——A eft à D——A, ainfi R à S. laquelle analogie eftant refoluë par la multiplication des termes extremes, & celle des moyens d'icelle, en RD——RA égal à SB——SA & la tranflation faite felon les preceptes SA══RA fera égal à SB══RD, le tout eftant diuifé par vn commun diuifeur S══R;

$$\frac{SB══RD}{S══R}$$ fera égal à A.

Soit B 60. D 140. S 3. R 1. Le troifiéme cofté A

fera fait égal à la difference du rectangle de S B au
Rectangle de R D : c'eſt à dire $180 \rightleftharpoons 140$ appliquée
à $3 \rightleftharpoons 1$ qui eſt $\dfrac{180 \rightleftharpoons 140}{3 \rightleftharpoons 1}$ ou 20. l'exces du premier
40. celuy du ſecond 120, deſquels la raiſon eſt com-
me 1. à 3. ſuiuant le requis.

Eſtans donc donnez deux coſtez excedans vn troiſieſme,
auec la raiſon des excés; on trouuera le troiſieſme coſté.

*La difference entre le rectangle ſous le
premier coſté excedant, & du ſemblable ex-
cés du ſecond, & le rectangle contenu du ſe-
cond coſté excedant & du ſemblable excés
du premier, eſtant appliquée à la difference
des excés ſemblables ; engendre le troiſieſ-
me coſté.*

La demonſtration de ce theoreme ſera faite par
le Poriſtique en la meſme ſorte qu'au Zetetique pre-
cedent.

ZETETIQVE VI.

EStans donnez deux coſtés l'vn eſtant
moindre, & l'autre maieur qu'vn troi-
ſieſme coſté, auec la raiſon du defaut du
moindre à l'exces du maieur ; trouuer le
troiſieſme coſté.

Soient donnez deux costés, l'un B moindre defaillant à un troisiesme, l'autre D excedant iceluy, soit aussi donnée la raison du defaut à l'excez, comme R à S. Il faut trouuer le troisiesme costé.

Le defaut soit A; dōc le troisiesme costé sera B+A, mais pour autant que R est à S comme A à $\frac{S\,A}{R}$, l'excés du costé

excedant sur le troisiesme costé sera $\frac{S\,A}{R}$; pourquoy D —

$\frac{S\,A}{R}$ sera aussi le troisiesme costé, & partant égal à B+A.

le tout multiplié par R; donc DR — SA sera égal à BR+RA, & l'equation estant ordonnée par l'adition commune de SA — BR, à chacune des parties d'icelle; RA+SA sera égal à DR — BR.

partant comme R+S sera à R, ainsi D — B à A.

Si B vaut 60. D 180. R 1. S 5. A est le quatriesme terme proportionnel à 1+5, & 1 & 180 — 60, lequel est $\frac{180-60}{1+5}$ ou 20, l'excés du costé excedant

$\frac{S\,A}{R}$, 100. dont la raison au defaut est comme 5 à 1.

ou, l'excés soit E donc D — E sera le troisiesme costé. Or dautant que S est à R, comme E à $\frac{R\,E}{S}$, le defaut par

lequel le moindre costé est defaillant au troisiesme sera $\frac{R\,E}{S}$

pourquoy B+$\frac{R\,E}{S}$ sera aussi le troisiesme costé; & par consequent égal à D — E. le tout multiplié par S. donc BS+RE sera égal à DS — SE. Et l'égalité estant ordonnée par la commune adition de SE — BS à chacune des parties de l'equation; RE+SE sera égal à DS — BS.

D'où, comme R+S est à S, ainsi D — B à E.

Partant, E fera égal au quatriefme terme pro‑
portionnel à 1+5, 5. & 180—60, lequel eft $\dfrac{900 - 300}{1 + 5}$

ou 100. le defaut $\underline{R\,E}$ 20. dont la raifon eft à 100. com‑
me 1 à 5. S

Eftant donnés deux coftez l'un deffaillant à vn troifie‑
me cofté & l'autre excedant iceluy, on trouuera le troifiefme
cofté.

THEOREME.

Comme l'aggregé du defaut femblable
& excés femblable, au femblable defaut
ou excés, ainfi la vraye diference du cofté
defaillant à l'excedãt (laquelle eft la fomme
des vrais defauts & excés[a]*) au vray defaut*
ou excés ; Et en adiouftant le defaut ou
foubftrayant l'excés fera fait le troifiefme.

EN LIGNES.

Soit le cofté deffaillant **A** l'excedant **B** & la rai‑
fon du deffaut à l'excés comme **ED** à **DC**; Il faut exi‑
ber le troifiefme cofté.

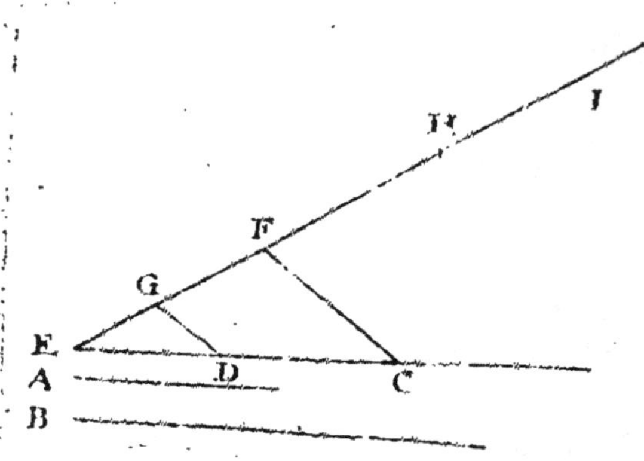

Du point E soit tirée la ligne E I, & sur icelle pris EF égale à l'excés de B sur A; puis conjoints C & F par la ligne CF, à laquelle soit DG paralelle: Finalement faisant FH égale à A, ou EH à B le troisiesme costé sera GH.

Dautant que selon le Theoreme, l'aggregé du deffaut & de l'excés semblable au deffaut ou excés semblable, sera comme la difference des vrais costés deffaillans & excedans au vray deffaut ou excés: Et que CE aggregé de l'excés & deffaut semblable est à CD deffaut ou DE excés semblable, comme FE difference entre le costé deffaillât & l'excedant à FG ou GE; partant GE sera le vray excés & FG le vray deffaut. Tellement que FH estant égale à A ou EH à B; GH sera le troisiéme costé.

Demonstration du Theoreme.

La diference du costé deffaillant A au costé excedant B est la somme du vray deffaut & excés, & la raison d'iceux est comme DE à DC; partant par le Theoreme du troisiesme Zetetique precedent, prenant le deffaut & excés pour costez, la somme CE sera à DE ou CD, comme FE la somme des vrais costés à GE ou FG vrais costés; & par consequent le vray excés sera GE & le vray deffaut FG.

SCHOLIE.

a QVe l'excés du costé excedant sur le deffaillant, soit la somme de l'excés & du deffaut cela est apparent, à cause que le costé excedant est le troisiéme costé prolongé de quelque autre, & le deffaillant le mesme troisiesme costé diminuë: tellement que

la ſomme de l'excés & du deffaut ſera égale à la dif-
ference, du troiſieſme coſté prolongé au premier di-
minuë, par le Theoreme de la dixieſme propoſition
des nortes, c'eſt à dire la diference du coſté excedant
au deffaillant.

AVTREMENT.

EStant donnés deux coſtés l'vn moin-
dre qu'vn troiſieſme & l'autre ma-
jeur qu'iceluy, enſemble la raiſon du defaut
du moindre à la iuſte quãtité du troiſieſme,
à l'excés du majeur ſur iceluy coſté ; trou-
uer le troiſieſme coſté.

Soient derechef donnés deux coſtés, l'vn B defaillant à
vn troiſieſme, l'autre D excedant iceluy, ſoit auſſi donnée
la raiſon du deffaut à l'excés, comme R à S. Il faut trou-
uer le troiſieſme coſté.

Ce coſté ſoit A. donc A—B ſera le defaut. Et D—A
l'excés. Pourquoy comme A—B eſt à D—A, ainſi R à S.
cette Analogie eſtant reſoluë RD—RA eſt égal à SA—
SB. Et la tranſlation eſtant faite ſelon l'art, par l'adi-
tion de RA+SB aux parties de l'equation; RD+SB ſe-
ra égal à SA+RA. Le tout eſtant diuiſé par S+R
$$\frac{RD+SB}{S+R}$$ ſera égal à A.

Eſtans donc donnés deux coſtés, l'vn moindre qu'vn
troiſieſme, & l'autre maieur qu'iceluy, enſemble la raiſon
du defaut du moindre de la iuſte quãtité du troiſieſme

à l'excés du maieur sur iceluy, on trouuera le troisiesme costé.

Sy l'aggregé du rectangle fait du costé excedant par le defaut semblable, & du rectangle produit par l'excés semblable & le costé defaillant, est appliqué à l'aggregé des excés ou defauts semblables; le troisiesme costé sera engendré.

Sy B 60. D 180. R 1. S 5. A est fait égal au quotiāt prouenant de la diuision de l'aggregé du Rectangle RD qui est 180. & du Rectangle SB, 300 : lequel est 480. par S+R, c'est à dire 6. Lequel quotiant est 80.

Demonstration par le Poristique.

Que $\dfrac{SD + RB}{S + R}$ soit égal au costé requis, cela ce

demôtre ainsi : la valeur de $\dfrac{RD + SB}{S + R}$, soit F; dõc R—D+SB est égal à SF+RF; & par Anthitese RD—RF égal à SF—SB; ceste égalité constituée en analogie R sera à S, comme F—B à D—F; or pour autant que F est vn costé commun excedant B, & qu'il est excedé par D, & la raison du deffaut de B à iceluy est à l'excés de B sur le mesme F sera trouué suiuant les conditions; & partāt le costé requis : mais F est égal à $\dfrac{RD + SB}{S + R}$; donc $\dfrac{RD + SB}{S + R}$ sera aussi le

costé requis.

SCHOLIE.

LEs trois derniers Zetetiques monstrent l'ori-
gine de la regle de fausse position double : Le
quatriesme, celuy ou les grãdeurs supposées defaillét
ensembles à la vraye: Le cinquiesme quant les gran-
deurs supposées excedét; Et le sixiesme quant l'vne
des gãrdeurs deffaut & l'autre excede; Car en telles
regles deffaux, tousiours le deffaut est au deffaut: l'ex-
cés à l'excés; ou le deffaut à l'excés de la cõditiõ sup-
posée à la requise cõme les vrais deffauts, ou excés,
ou bien le vray deffaut au vray excés & au cõtraire: or
en telles regles les deffauts ou excés semblables sont
les grãdeurs conditiõnelles supposées, lesquelles def-
faillét ou excedét à la condition requise; cõme exé-
ple: En la premiere mode (c'est quant les supposées
deffaillent à la vraye) qu'il soit requis trouuer vne
grandeur de laquelle vne partie estant à son tout, cõ-
me B à F face H.

    Soit la grandeur requise D; donc comme B à F
ainsi D à $\frac{B\,F}{B}$ qui sera la conditionnelle supposée, la-

quelle estant moindre que H, D grandeur supposée
deffaudra à la vraye: dautãt que la vraye à mesme rai-
son à H que B à F, notons la supposition de la façon

Suppositions.		Deff. de conditions.
D————————————H—		DF $\overline{}$ B
G————————————H—		GF $\overline{}$ B

qu'il ce voit. Puis prenons que G soit la vraye gran-

deur que nous cherchons; donc B sera à F, com-
me G à $\frac{GF}{B}$, qui deuroit faire H, mais elle est moin-

dre, donc G est aussi moindre que la vraye grandeur
par la raison que dessus. Cela fait dautant que la grã
deur requise à mesme raison à H que B à F, & que,
comme B à F ainsi D à $\frac{DE}{B}$, & G à $\frac{GF}{B}$; il s'ensuit

que la grandeur requise sera à H, comme D à $\frac{}{B}$, &

G à $\frac{GF}{B}$: & en diuisant l'excés de la grandeur requi-

se laquelle soit posée A, sur D, au mesme D comme
$H - \frac{DF}{B}$ à $\frac{DF}{B}$; & $A - G$ à G comme $H - \frac{GF}{B}$ à $\frac{GF}{B}$;
mais D est à $\frac{DE}{B}$, cõme G à $\frac{GF}{B}$; donc $A - D$ sera à

$H - \frac{DF}{B}$ cõme $A - G$ à $H - \frac{GF}{B}$; & partant $A - D$ à

$A - G$ comme $H - \frac{DF}{B}$ à $H - \frac{GF}{B}$; par conséquent la

raison des excés de la vraie condition sur l'vn-
ne ou l'autre des conditions supposées, c'est à dire
les defauts des supposées, est mesme que la raison des
deffauts des grandeurs supposées à la vraye requise.

De la mesme façon sera demontré les excés en la
deuxiesme mode, & les deffauts & exceds conjoin-
tement en la troisiesme.

De là, il s'ensuit que la regle de fausse position,
peut-estre resoluë en deux façons en chacune mode
d'icelle, ainsi qu'il paroist aux Zetetiques precedéts:
l'vne par les excés ou defauts; lesquels soustraits ou
adjouftez, aux supposés ausquels ils cõuiennent, don-

nent la mesme grandeur requise.   Et celle-là est fai-
te par les conditions des premiers Theoremes de 4.
5. & 6. Zetetiques precedents; l'autre par la mesme
grandeur requise, suiuant les seconds Theoremes és
mesmes Zetetiques, nous n'en donnerons aucunes
exemples, dautant que la chose est intelligible de soy
les choses cy-dessus entenduës.

ZETETIQVE VII.

Stant donné vn costé couper ice-
luy en deux parties, en sorte qu'v-
ne partie du premier segment estant
à son tout en vne raison donnée, adioustée
à vne portion de l'autre segment estant
aussi à son tout en vne raison donnée; face
vne somme prescripte.

Soit le costé donné B qu'il faut couper en deux segmens,
de sorte que vne portion du premier estant à son tout (c'est
à dire du mesme premier segment,) comme D à B, ad-
ioustée à vne portion du second estant à son tout comme
F à B, face H.

La portion du premier segment soit A. donc la por-
tion du second sera H — A. Et dautant que D est à B com-
me A à $\frac{B A}{D}$ le premier segment sera $\frac{B A}{D}$: Item F à B

côme H—A à BH—BA, dõc le ſecõd ſera BH—BA, leſquels
$$\frac{}{F} \qquad \frac{}{F}$$
deux ſegments ſont égaux à tout le coſté diuiſé. Donc
BA+BH—BA ſera égal à B. laquelle égalité eſtant
$$\frac{}{D} \quad \frac{}{F}$$
reduite, en multipliant le tout par DF en
FBA+DBH—DBA égal à BDF. Et par le parabol. de B
en FA+DH—DA égal à DF. Et la tranſlatiõ eſtãt fai-
te cõuenablemẽt poſant D majeur que F. DH—FD ſera é-
gal à DA FA. le tout diuiſé par D—F DH—FD ſe-
$$\frac{DH-FD}{D-F}$$
ra égal à A.

Partant comme D—F eſt à H—F, ainſi D à A.

Soit B 60. D 20. F 12. H 14. A portion du pre-
mier ſegment laquelle auec la portion du deuxieſme
doit faire H, eſt fait égal au quatrieſme pro-
portionnel à 20—12, 14—12 & 20 lequel eſt $\dfrac{280-240}{20-12}$

où 5. Le premier ſegment $\dfrac{BA}{D}$ 15. la raiſon de 5 por-
tion du premier ſegment au meſme ſegment 15. eſt
telle que D à B, c'eſt à dire 20. à 60. Item, le ſe-
cond ſegment $\dfrac{BH-BA}{F}$ eſt 45, ſa portion laquelle
auec A doibt faire H, laquelle eſt H—A, 9. la rai-
ſon de 9. à 45. comme F à B. ſçauoir 12. à 60. ce qui
eſtoit propoſé à faire.

On, la portion du ſecond conuenable pour faire H ſoit E.
donc la portion contribuée par le premier ſera H—E. Et
dautant que F eſt à B comme E à B E le ſecond ſegment ſe-
$$\frac{}{F}$$
ra B E. Et Item D à B, ainſi H—E à BH—BE :
$$\frac{}{F} \qquad\qquad\qquad \frac{}{D}$$

le premier segment sera $\dfrac{BH - BE}{D}$, lesquels deux segmens

seront égaux à tout le costé divisé. Pourquoy $\dfrac{{}^B E}{F} + \dfrac{BH - BE}{D}$

est égal à B. laquelle égalité estant ordonnée, sçauoir les parties de l'equation estant multipliées en DF, & divisées par B puis par convenable translation posant D majeur que F. DF—HF sera égal à DE—FE, puis le tout estant divisé par D—F; $\dfrac{DF - AF}{D - F}$ sera égal à E.

D'où comme D—F est à D—H, ainsi F à E.

E portion contribuée par le second segment pour faire H est fait égal au quatriéme terme proportionnel à 20—12; 20—14 & 12, lequel est $\dfrac{240 - 168}{20 - 12}$

ou 9. Le second segment $\dfrac{BE}{F}$ 45. auquel 9 à mesme raison que 12 à 60. Item, le premier segment $\dfrac{BH - BE}{D}$

est 15 la portion d'iceluy, laquelle il doibt contribuer afin de faire H qui est H—E vaut 5 & la raison de 5 à tout le segment 15. est comme 20. à 60. comme il est requis.

Estant donc donné vn costé on diuisera iceluy en deux parties en sorte qu'vne portion du premier segment estant à son tout en vne raison donnée, adioustée à vne portion du second segment estant à son tout, aussi en vne raison donnée egale vne somme donnée.

THEOREME.

Le costé estant coupé comme vn tout en comparaison des portions contribuées par les segmens.

Il est fait ainsi.

*Comme la portion semblable à la por-
tion contribuée par le premier segment (po-
sant le premier segment contribuer une
portion maieure que le second) moins la
portion semblable à la portion contribuée
par le second segment.*

est A

*La portion semblable à la portion con-
tribuée par le premier segment.*

Ainsi

*La somme prescripte des contributions
moins la portion semblable contribuée par
le second segment.*

A

*La vraye portion contribuée par le
premier.*

Ou, comme

*La portion semblable à la portion con-
tribuée par le premier segment, moins la*

portion

portion ſemblable du ſecond ſegment.

eſt A.

La portion ſemblable à la portion con-
tribuée par le ſecond ſegment.

Ainſi.

La portion ſemblable à la portion con-
tribuée par le premier ſegment, moins la
ſomme preſcripte des contributions.

A.

La vraye portion contribuée par le
ſecond.

Il pareſt auſſi que H ſomme des con-
tributiõs doibt eſtre preſcripte en ſorte quel-
le ſoit moienne entre D & F. ſçauoir mi-
neure que D , Et maieure que F a.

Comme en ce lieu 14. eſt moindre que 10. &
majeur que 12.

SCHOLIE.

"QVe H doiue estre moindre que D, mais mà-
jeur que F. l'ordre des analogies tirées de la so-
lutió de ce Zetetique le montre : car quelles soient
remises en memoire, il est euident en premier lieu
que D—F lequel est trouué commun & premier
en toutes les deux est quelque quantité, D estant
posé majeur que F ; c'est à dire que D—F est vne
quantité affirmée, puisque D estant affirmé
est majeur que F ; en apres il est constant que
pour auoir donné la solution de quelque chose pro-
posée, il faut necessairement auoir donné le requis ;
sçauoir en ce lieu donner la valeur de A & E, &
que ces valeurs soient quelque quantité denommée
par plus, à cause qu'infinies solutions peuuent
arriuer ou le requis ce trouueroit auoir le signe—,
s'y les quantitez proposées n'estoient preparées,
& proposées selon les conditions requises ; comme il
arriueroit icy si H estoit moindre que F ou plus
grand que D : Cela estant posé en la premiere analo-
gie D—F est à H—F comme D à A. Il s'ensuit
donc que H—F est quantité denommée de plus
& par consequent H plus grand que F. que H—F
soit quantité denommée de+ il est hors de doubte :
car puisque D—F, D, & A sont de cette nature.
La multiplicatió de D—F par A, sera quätité denö-
mée de+laquelle doit estre égale à la multiplica-
tion de D par H—F,+;que cy H—E estoit denom-
mée de—, c'est à dire cy H estoit moindre que F
estant multiplié par D lequel est affirmé le pro-
duit seroit vne quantité denommée de—; & neau-

moins ſon égale auroit le ſigne de + abſurde.

Maintenant que H ſoit moindre que D. Il ſera monſtré en la meſme façon que deſſus, dautant que D——F eſt à D——H comme F à E, & partant D——H eſt quantité denommée de plus; & par conſequent D majeur que H. Donc en la ſolution d'vn tel que le propoſe, il conuient prendre H entre D & F, ſçauoir moindre que D, mais majeur que F.

L'autheur pour eſtablir ſon Theoreme & oſter l'ambiguité qui pourroit aduenir ſi D & F n'eſtoient dicernés par comparaiſon de majeur ou mineur, fait D plus grand que F; dautant que ſi cela eut eſté poſé indifferent on n'eut pas recogneu les conditions cy-deſſus poſées : ſçauoir que H doit eſtre moienne entre D & F, majeure que F, eſt mineure que D. Et que pour le cognoiſtre on euſt ſatisfait au requis prenant les differences, & pour trouuer les conditions conuenables au propoſé eut fallu auoir recours au poriſtique; l'office duquel pour l'examen de ces conditiõs a eſté ſauué par la ſuppoſition de D majeur que F; cela eſt fait en tous les Zetetiques ſuiuãs; c'eſt la cauſe pourquoy nous en auõs obmis les demonſtrations par le meſme Poriſtique.

EN LIGNES.

Soit le coſté donné A, lequel il faut diuiſer en deux parties, en ſorte qu'vne portion de la premiere partie eſtant à ſon tout, comme CE à A, adjouſtée à vne portion de la deuxieſme partie eſtant à ſon tout comme DE à A, face B; Il faut que CE ſoit majeure que DE.

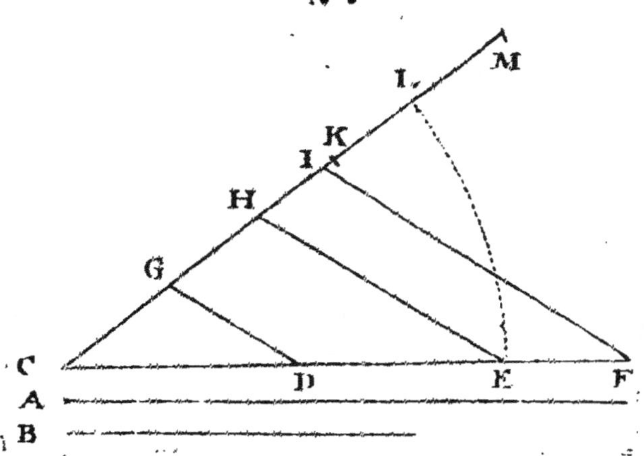

Soit du point C tirée CM, sur laquelle soit
prise C K égale à B, KG égale à DE : puis me-
née la ligne DG à laquelle soit faite EH parallele,
coupant CM en H, & la ligne CH sera la portion
de la premiere partie, & H K de la seconde.

La premiere & seconde partie seront trouuées si
CF estát egale à A, & du point A est menée vne ligne
droite FI parallele à GD coupant CM en I; dautant
que CI sera la premiere partie, & si EM est faite é-
gale à A, IM sera la seconde partie.

Car CD difference des portions semblables
CE, DE, est à CG difference de la somme des por-
tions donnees à la portion semblable de la secõde
portion , comme CE portion semblable du pre-
mier est à CH : mais par le Theoreme, comme
CD est à CG, ainsi CE est à la vraye portion du
premier ; donc CH est la vraye portion du premier.
La portion du second sera HK, pour autant qu'a-
uec CH elle fait CK : c'est à dire B, somme des
portions de la premiere & seconde partie ou seg-
mens du costé donnée A.

Le premier segment sera CI, le second IM,

dautât que CH portion du premier eſt au meſme ſeg-
ment, comme CE à A, c'eſt à dire à CF: mais com-
me CE eſt à CF; ainſi CH à CI, donc CI ſera le
premier ſegment; & partant IM le ſecond.

ZETETIQVE VIII.

Ouper vn côſté donné en deux par-
ties, en ſorte qu'vne portion de la
premiere eſtant à ſon tout en vne rai-
ſon donnée, moins vne portion de la ſe-
conde partie eſtant à ſon tout auſſi en vne
raiſon-donnée; face vne difference preſ-
cripte.

Soit donné le côſté B pour couper en deux parties ou
ſegmens, ainſi que la portion du premier eſtant à ſon tout,
comme D à B, moins la portion du ſecond eſtant à ſon tout
comme F à B; face H. certainement ſi la portion du pre-
mier ſegment eſt plus grande au reſpect de ſon tout, que
la portion du ſecond au reſpect du ſien, il aduiendra vn
autre diuiſion de l'excés propoſé que ſi elle eſtoit moindre:

toutefois en l'vn & l'autre cas la mesme operation est faite.

Soit donc D majeur ou mineur que F. Et la portion qui doibt estre contribuée par le premiere segment soit A. Donc la portion qui sera exigée du second sera A—H. Et pour-autant que D est à B, comme A à $\frac{BA}{D}$, le premier segment sera $\frac{BA}{D}$: pareillement F estant à B, comme A—H à $\frac{BA-BH}{F}$, le second segment sera $\frac{BA-BH}{F}$.

Lesquels deux segmens sont égaux à tout le costé donné à diuiser.

Donc $\frac{BA}{D}+\frac{BA-BH}{F}$ seront égaux à B. Laquelle egalité estant ordonnée, premierement par la multiplication des parties d'icelles par DF, & du parabolisme par B en FA+DA—DH égal à DF. Et par translation de DH soubs contraire affection de signe en FA+DA egal à DF+DH, le parabolisme fait par F+D, $\frac{DF+DH}{F+D}$ sera égal à A.

D'où vient que F+D est à F+H, comme D est à A.

B soit 84. D 28. F 21. H 7. A proportion contribuée par le premier segment, sera fait égal au quatriesme terme proportionnel à 21+28, 21+7 & 28, lequel est $\frac{588+196}{21+28}$ ou 16. la portion du second segment 16—7. c'est 9. le premier segment $\frac{BA}{D}$ $\frac{1344}{28}$ ou 48. le second segment $\frac{BA-BH}{F}$ $\frac{1344-588}{21}$ ou 36, desquels segment la somme est 84.

Item la difference des portions 16 & 9 est 7. & la raison de la portion du premier segment 16. au mesme segment 48 comme 28 à 84 ; Et la raison de la portion exigée du second segment 9 au mesme segment 36. comme 21 à 84 comme il est requis.

Maintenant la portion qui sera contribuée par le second segment estant A—H, elle sera le reste de $\dfrac{DF+DH}{D+F}$ *en estant osté H. soit icelle portion E. Donc*

$$\dfrac{DF+DH}{D+F}-\dfrac{DH+FH}{D+F};\ \text{c'est à dire}\ \dfrac{DF-HF}{D+F}\ \text{sera}$$

égal à E.

Pourquoy, comme $D+F$ *sera à* $D-H$*, ainsi F à E.*

Donc E portion contribuée par le second segment est fait égal au quatriesme terme proportionnel à 21+28, 28—7 & 21, lequel est $\dfrac{588—147}{21+8}$ ou 9. le reste comme dessus.

Aussy estans dönées les portiös contribuées par les segmës, les mesmes segmens seront donnés, sçavoir $\overline{BA}\ \text{sera le pre-}$
$$\,D$$
mier segment *&* $\overline{BE}\ \text{le second.}$
$$\,F$$

Donc on coupera un costé donné en sorte, qu'une portion du premier segment estant à son tout en une raison donnée, moins une portion du second estant aussi à son tout en une raison donnée ; face une difference donnée.

THEOREME.

Le costé estant coupé comme vn tout en comparaison de ces parties.

Il est ainsi.

Comme.

Les portions contribuées tant par le premier que le second segment.

est A,

La difference prescripte des contributions, plus la portion semblable contribuée par le second.

Ainsi.

La portiõ sẽblable cõtribuée par le premier.

A.

La vraye portion contribuée par le premier.

Ou, comme.

Les portions semblables contribuées tant par le premier que second segment.

eſt A.

*La portion contribuée par le premier,
moins la différence preſcripte des contribu-
tions.*

Ainſi.

*La portion ſemblable contribuée par le
ſecond.*

eſt A.

*La vraye portion contribuée par le ſe-
cond.*

*il pareſt que H différence des contributions doibt
eſtre preſcripte moindre que D portion contribuée par le
premier ſegment, ſoit que la portion contribuée par le ſe-
cond ſoit maieure ou mineure.*

Comme au dernier cas 7 eſt moindre que 21.
Il faut entendre 28, au lieu qu'au Latin il y a ſeu-
lement 21.

SCHOLIE.

QVE H doiue eſtre moindre que D, il eſt vi-
ſible par l'analogie de la derniere partie de
ce Zetetique, en laquelle D+F eſt à D—H com-
me F à E; car ſi il eſtoit maieur que D, il s'enſui-

uroit que D—H feroit vne grandeur niée ou pri-
uatiue;& partant auſſi E, dautant qu'il y a pareil-
le raiſon de D+F à F que de D—H à E: mais
E eſt demandée grandeur affirmatiue ou poſitiue,
donc auſſi D—H ſera poſitiue, c'eſt à dire quel-
que quantité. Or D—H denote l'excés de D ſur
H; partant H doit eſtre moindre que D.

Il n'importe à cecy que F ſoit ou maieur ou
mineur que H, pour autant que F eſtant ſeule
emporte ſa quantité & jointe elle eſt touſiours par
affirmation auec vn autre, comme en l'analogie
de la premiere partie D+F, à F+ H comme D
à A; en la ſeconde D+F à D—H comme F à E.

EN LIGNES.

Soit le coſté donné BC qu'il faut diuiſer en ſor-
te qu'vne portion du premier ſegment eſtant à ſon
tout comme DE à CB, diminuée d'vne portion du
2ᵉ, eſtant à ſon tout comme EF à CB, face la li-
gne A; il faut que A ſoit moindre que DE.

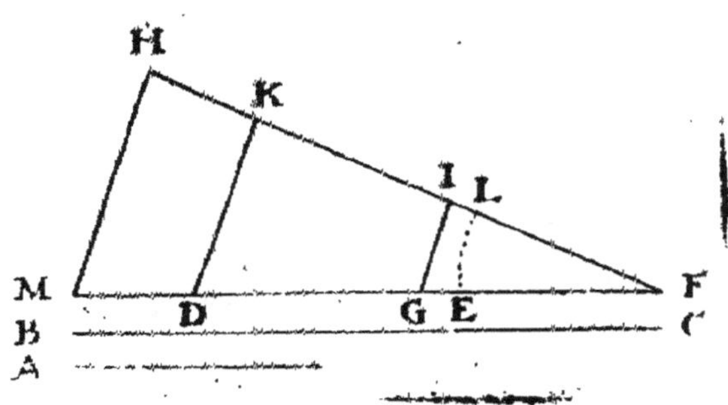

Du point F ſoit menée FH tant grande quel-
le ſuffiſe, ſur laquelle ayant pris FK égale à FE &

A & menée DK; si on fait FG égal à DE, & que
GI soit parallele à DK, FI sera la portion du pre-
mier segment, celle du deuxiesme sera l'excés de FI
sur A.

Car par la premiere partie du Theoreme DE
auec EF est à A auec EF comme DE à la portion
du premier; or DF qui est la somme de DE & EF
est à FK c'est la somme de A & EF, comme GF
qui par la construction est égale à DE, à FI, pour
estre les lignes DK, GI paralelles; partant FI sera
la portion du premier segment.

Le mesme segment sera trouué si FM est faite
égale à BC & que MH soit parallele à GI; car iceluy
sera FH. La raison est que GF, qui est égale à DE
est a BC ou FM, comme FI portion du premier
à FH: mais FG est à FM comme la portion
FI doit estre au premier segment; donc FH se-
ra le premier segment. Le 2. sera trouué en retran-
chant le premier de la toute.

ZETETIQVE IX.

Rouuer deux costés desquels la di-
ference soit donnée, & qu'vne por-
tion du premier estant à son tout en vne
raison donnée, adioustée à vne portion
du second estant à son tout en vne autre
raison donnée, égale vne somme prescrite.

ſoit la difference de deux coſtés B, deſquels vne por-
tion du premier eſtant à ſon tout comme D à B, ad-
iouſtée à vne portion du ſecond eſtant à ſon tout comme
F à B face H.

Le premier coſté ſera entendu le maieur, ou mi-
neur. Au premier cas qu'il ſoit eſtimé maieur, & que
la portion contribuée par le premier & maieur coſté ſoit
A, la portion contribuée par le ſecond ſera $H-A$. Et
pour autant que D eſt à B, ainſi A à $\dfrac{BA}{D}$, le maieur

coſté ſera $\dfrac{BA}{D}$. Et F à B comme $H-A$ à $\dfrac{BH-BA}{F}$ le

moindre coſté ſera $\dfrac{BH-BA}{F}$. Parquoy $\dfrac{BA}{D}-\dfrac{BH-BA}{F}$

ſera égal à B, & l'égalité eſtant ordonnée $\dfrac{DF+DH}{F+D}$ ſe-

ra égal à A.

D'où, comme $F+D$ à $F+H$, ainſi D à A. main-
tenant la portion contribuée par le ſecond eſtant $H-A$
elle reſtera lors que $\dfrac{DF+DH}{F+D}$ ſera ſouſtrait de H ſoit

icelle E; donc $\dfrac{FH-FD}{F+D}$ ſera égal à E.

De la vient que côme $F+D$ eſt à $H-D$, ainſi F à E.
Au ſecond cas, le premier coſté ſoit mineur ; partant
le ſecond ſera maieur. Donc la portion contribuée par le
ſecond ſoit E, parquoy la portion contribuée par le pre-
mier & mineur coſté ſera $H-E$. Et dautant que F eſt
à B comme E à $\dfrac{BE}{F}$, le ſecond coſté ſera $\dfrac{BE}{F}$.

pareillement D eſtant à B, comme $H-E$ à $\dfrac{BH-BE}{D}$

le premier & plus petit coſté ſera $\dfrac{BH-BE}{D}$; parquoy

$\dfrac{BE}{F} \quad\underline{\quad\quad} \dfrac{BH}{D}\underline{\quad} BE$ sera égal à B, & l'egalité estant or-

donnée $\dfrac{FH + FD}{F + D}$ sera égal à E.

D'où vient, que F+D sera à H+D, comme F à E. maintenant, pource que la portion contribuée par le premier costé est H—E elle restera quant $\dfrac{FH + FD}{F + D}$ sera

osté de H. soit icelle A; donc $\dfrac{DH — FD}{F + D}$ sera égal à A.

D'où vient, que F+D sera à H—F, comme D à A.

Les portions contribuées par les costez estant données les mesmes costés seront donnés : sçauoir $\dfrac{B\ A}{D}$ sera le premier costé ; & $\dfrac{B\ E}{F}$ le second.

Donc on trouuera deux costez, desquels la diference sera prescripte ; en sorte qu'vne portion de l'vn d'iceux estant à son tout en vne raison donnée, adioustée à vne portion de l'autre estant aussi à son tout en vne raison donnée, égalera vne somme donnée.

THEOREME.

La difference des costés, desquels il est question estant coupée comme vn tout à la semblance des portions contribuées par l'vn & l'autre des costés.

Il est faict.

Comme.

La somme des portions semblables con-
tribuées, tant par le maieur, que mineur
costé.

est A.

La somme des contributions, plus la
portion semblable du mineur costé.

Ainsi.

La portion semblable du maieur.

est A.

La vraye portion contribuée par le ma-
ieur costé.

Ou, comme.

La somme des portions semblables con-
tribuées par le maieur & mineur costé.

est A.

La somme des contributions, moins la
portion semblable du maieur costé.

Ainsi.
La portion semblable du mineur.

est A.
La vraye portion contribuée par le mi-
neur costé.

Au premier cas.

Soit B 84, D 28, F 21, H 98, A portion du premier & majeur costé sera le quatriesme proportionnel à 21+28, 21+98 & 28 qui est 68. Et E, portion du second & mineur costé 30, leur somme est 98. Le premier costé $\frac{B\,A}{D}$ est 204, le deuxiesme

$\frac{B\,E}{D}$ 120, desquels la difference est 84, & la raison

de 204 à 68. comme 84 à 28. Item la raison de 120 à 30, comme 84 à 21, comme il estoit requis.

Au second cas.

E, portion du majeur & second costé est fait quatriesme proportionnel à 21+28, 98+28 & 21; c'est à dire 54. A, 98—54 ou 44. Le second costé $\frac{B\,E}{F}$

216, auquel 54 à pareille raison que 21. à 84. Item $\frac{B\,A}{D}$ le premier costé sera égal à 132. auquel 44,

à mesme raison que 28 à 84. & la difference de 216. à 132. est 84. comme il est requis.

Il est euident que la somme des contributions donnée, doit estre prescripte en forte quelle ſoit maieure, que la portion ſemblable contribuée par le maieur coſté.

Comme 98 eſt maieur que 28. lors qu'au premier cas le maieur coſté eſt le premier; & au ſecond que 21. La cauſe de cecy pareſt aux analogies: car au premier cas F+D eſt à H—D, comme F à E, que ſi D portion ſemblable du maieur eſtoit maieure que H, H—D ſeroit grandeur priuatiue; & partant il faudroit que E le fut auſſi, ce qui ſeroit contre la queſtion. Le meſme s'entendra de F au ſecond cas.

EN LIGNES.

Soit la diference de deux coſtez A, deſquels il faut qu'vne portió du premier & majeur eſtant à ſon tout cóme CI à A adjouſtée à vne portion du

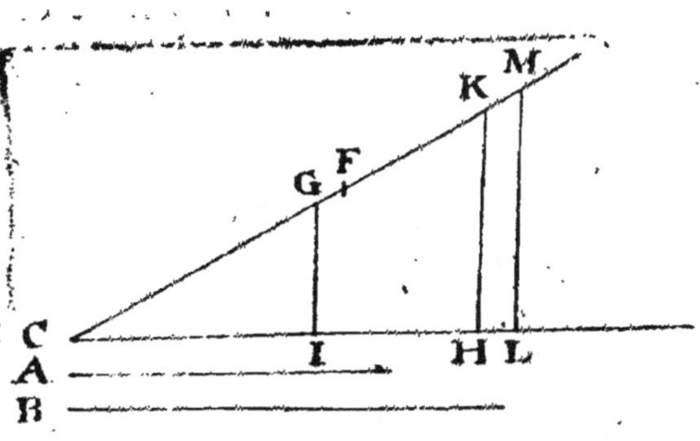

ſecond eſtant à ſon tout comme I H au meſme A face B ; Il faut que CI ſoit moindre que B.

Soit faite CF egale à B & F K egale à 1H: puis menée la ligne droite HK à laquelle faiſant 1G parallele, CG ſera la portion contribuée par le premier & majeur coſté, lequel ſera trouué faiſant CL egale à B & tirant la parallele LM;

car

car CM fera le majeur & plus grand cofté.

Que cela foit CH fomme des portions femblables contribuées par le majeur & mineur cofté eft à la fomme des contributions CF plus FK, portion femblable du fecond cofté, comme CI portion femblable contribuée par le majeur à CG; donc CG fera la portion contribuée par le majeur fegment; laquelle portion eftant à CM, comme CI portion femblable du majeur à CL egale à B, le mefme cofté fera CM.

Le cofté reftant fera trouué fi de CM eft retranchée vne égale à B, & la portion contribuée par le mineur fera FG.

ZETETIQVE X.

Rouuer deux coftés defquels la diference foit donnée, & que vne portion du premier eftant à fon tout en vne raifon donnée, moins vne portion du fecond eftant à fon tout auffi en vne raifon donnée; face vne difference donnée.

Soit donnée la difference de deux coftés B, defquels vne portion du premier eftant à fon tout comme D à B, eftant diminuée d'vne portion du fecond eftant à fon tout, comme F à B, face H; & il faut trouuer les deux coftés.

H

Le premier costé est estimé maieur ou mineur, ou bien la portion exigée d'iceluy est maieure ou mineure que celle du second, quoy que ce soit cela est fait presque par une mesme operation.

Soit donc D portion contribuée par le premier maieure ou mineure.

Au premier cas, soit le premier costé duquel la portion contribuée souffre alteration, maieur des deux. Et la portion par luy contribuée soit A, la portion contribuée par le second sera A—H, comme estant la difference des contributions H, laquelle demeure lors que A—H est ostée de A portion du premier, & le premier costé sera B A, le second BA—BH: donc $\dfrac{BA}{D}$—$\dfrac{BA—BH}{F}$ est egal à B. l'equation estant ordonnée, F estant portion maieure que D, $\dfrac{FD—HD}{F—D}$ sera egal à A.

D'où, comme F—D est à F—H, ainsi D à A.

Maintenant la portion contribuée du second costé estant A—H, elle restera quand de $\dfrac{FD—HD}{F—D}$ sera osté H. soit donc ceste portion E; partant $\dfrac{FD=FH}{F=D}$ sera egal à E.

Et F=D sera à D=H comme F à E.

Sy au contraire la portion D est maieure que F, comme D—F sera à H—F ainsi D à A.

Et D—F à H—D comme F à E.

Au second cas, le premier costé soit le moindre des deux & la portion par luy contribuée soit derechef A. donc la portion contribuée par le second & maieur sera A—H. Et le premier costé sera $\dfrac{BA}{D}$ le second $\dfrac{BA—BH}{F}$

donc $\dfrac{BA - BH}{F} - \dfrac{BA}{D}$ sera egal à B. & l'equation

estāt ordōnée $\dfrac{DF + DH}{D - F}$ est egal à A.

D'où, s'ensuit que D—F sera à F+H côme D à A.

Maintenant la portion contribuée par le second co-
sté estant A—H elle sera aussy le reste de $\dfrac{DF + DH}{D - F}$

estant osté H. & soit ceste portion E; donc $\dfrac{DF + HF}{D - F}$ sera e-

gal à E. Et D—F sera à D+H, comme F à E.

L'ordre de ceste operation demonstre qu'en ce second
cas, Il faut que la portion exigée du premier soit maieure
que celle du second.

Cela fait estants donnees les portions des costez requis
les costés seront aussy donnés. Sçauoir $\dfrac{BA}{D}$ sera le premier

costé, & $\dfrac{BE}{F}$ le second costé.

Donc en trouuera deux costez desquels la difference se-
ra donnée, en sorte qu'vne portion du premier estant à son
tout en vne raison donnée, égale aussy vne difference
donnée.

THEOREME.

La difference des costés estant coupée,
comme vn tout en comparaison des par-
ties contribuées par les costés, le premier
estant majeur des deux, & que d'iceluy
soit exigée vne plus grande portion.

Il sera fait.

Comme.

La portion semblable contribuée par le premier, moins la portion semblable contribuée par le second.

est A.

La difference prescripte des contributions, moins la portion semblable contribuée par le second.

Ainsi.

La portion semblable contribuée par le premier.

A.

La vraye portion contribuée par le mesme.

Ou, comme.

La portion semblable contribuée par le premier, moins la portion semblable contribuée par le second.

est *A.*

La difference prescripte des contributions
moins la portion semblable contribuée par
le premier.

Ainsi.

La portion semblable contribuée par le
second.

A.

La vraie portion contribuée par le mes-
me.

Que si de ce premier & maieur costé est
exigée vne moindre portion, que du second,
les mesmes analogies subsisteront faisant re-
uersion des negations.

Quand le premier costé duquel la por-
tion exigée souffre alteration est le moindre
des requis, tousiours la portion exigée d'i-
celuy sera majeure.   Et est fait.

Comme.

La portion semblable contribuée par le
premier, moins la portion semblable contri-
buée par le second.

est A.

La portion semblable contribuée par
le second, plus la difference prescripte des
contributions.

Ainsi.

La portion semblable contribuée par le
premier.

A.

La vraie portion contribuée par le
mesme.

Ou, comme.

La portion semblable contribuée par le
premier moins la portion semblable contri-
buée par le second.

est A.

La portion semblable contribuée par le
premier, plus la difference prescripte des
contributions.

Ainsi.

La portion semblable contribuée par le
second.

A.

La vraie portion contribuée par le mesme.

Finalement ce Zetetique à trois cas.

Le premier, quand le premier costé, ou celuy duquel la portion souffre diminution, est le plus grand des deux, & que d'iceluy est exigée vne plus grande portion.

Le second, quand le mesme costé demeure majeur & que d'iceluy est exigée vne moindre portion.

Le troisiesme, quand le premier costé est le moindre des deux, & que d'iceluy est exigée vne plus grande portion; car vne moindre portion ne peut estre exigée d'iceluy.

Au premier cas, il conuient que H soit prescripte en-sorte quelle soit maieure que la portion semblable du premier segment & consequemment que F portion semblable du second.

Car $D-F$ est à $H-F$ comme D à A.

Et $D-F$ à $H-D$ comme F à E.

Au second cas, il faut que H soit mineure que D, & F.

Dautant que $F-D$ est à $F-H$ comme D à A & $F-D$ est à $D-H$ comme F à E.

Au troisiesme cas, H est maieure ou mineure que D ou F. & D maieur que F, donc ce troisiesme cas peut arriuer, auec le premier, & iamais auec le second.

En ce cas $D-F$ est à $F+H$ comme D à A.

Et $D-F$ est à $D+H$ comme F à E.

Et partant quant en ce troisiesme cas D & F seront moindres que H le Zetetique pourra aussi estre resolu par le premier cas.   I.

Soit B 12. difference des deux costés, D 4, F 3, H 9, difference entre A & E.

Pour autant que H est maieure que D & F.

$\underline{B\ A}$ sera conceu ou maieur ou mineur costé.
 D

1. Si maieur, A est 24. E 15. Et $\frac{BA}{D}$ premier & ma-
ieur costé est 72, $\frac{BE}{F}$ second & mineur costé 60. desquels
la difference est B 12.

2. Si $\frac{BA}{D}$ est pris pour le mineur, A est 48, E 39. Et
$\frac{BA}{D}$ 144; $\frac{BE}{F}$ 156, desquels la difference est B 12.

II.

Soit derechef B difference des costés 48. D 16, F 12,
H difference de A sur E, 10.

1. Pource que H est mineure que D ou F. Et D est
maieur que le mesme F, Il est necessaire que $\frac{BA}{D}$ soit le
moindre costé, & $\frac{BE}{F}$ le maieur costé. Et A est fait 88,
E 78. Et $\frac{BA}{D}$ est fait 264. $\frac{BE}{F}$ 312. Desquels la diffe-
rece est B 48. 2. Ou soit D 12. F 16. B demeurant 48,
H 10, necessairement $\frac{BA}{D}$ sera le maieur costé. Et A
est fait 18, E 8. Et $\frac{BA}{D}$ 72. $\frac{BE}{F}$ 24, desquels la dif-
ference est 48.

EN

EN LIGNES.

Pour le premier cas.

Faut trouuer deux costés desquels la differen-
ce est A, & qu'vne portion du premier & ma-
ieur estant à son tout comme CE à A, di-
minuée d'vne portion du second estant à son tout
comme DE à A soit egale à B; il faut que B soit ma-
ieur que DE.

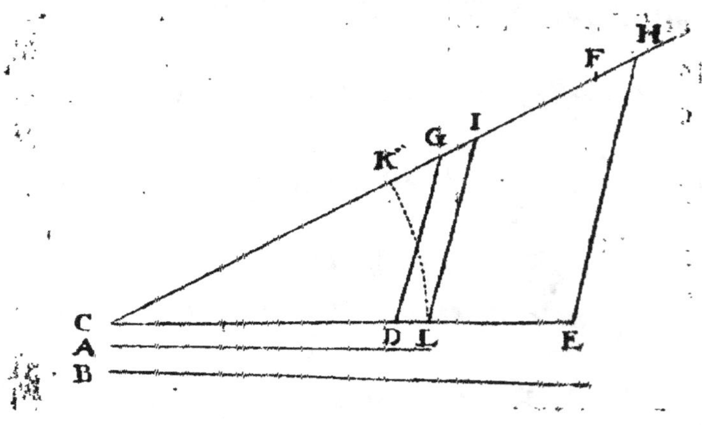

Soit menée la ligne CH sur laquelle soit prise CF
egale à B, & FG à DE : puis tirée la ligne DG à
laquelle estant faite parallele EH, coupant CH au
mesme point, CH sera la portion du premier & ma-
ieur, Et par consequent FH celle du second, Et si CL
est faite egale à A & LI parallele à DG, CI sera le
premier & maieur costé duquel ostant DK egal au
mesme A restera KI pour le second majeur costé.

Que cela soit il est euident puis que C D diffe-
rence de CE portion semblable du premier maieur &
de DE portió semblable du secód, est à CG diferéce

I

entre B & DE c'eſt à dire CF & FG qui eſt egale à
DE, cõme CE à CH; Et que CD doibt eſtre à CG cõ-
me CE à la vraye portion du premier par le Theo-
reme; car il s'enſuiura que le meſme CH ſera la vraye
portion contribuée par le premier coſté. FH eſt cel-
le du ſecond dautant qu'ils diferent de CF egale à B.

Le premier coſté ſera CI pour autant que CE
portion ſemblable du premier eſt à DL qui eſt egale
à A, comme CH vraye portion du premier, au meſ-
me CI comme il eſt requis. Le ſecond & mineur
coſté ſera KI, lequel differe du premier CI de CK
egale à A grandeur propoſée pour la difference des
coſtés ce qu'il falloit faire.

Pour les autres cas la conſtruction eſtant fort peu
differente de la precedente nous les obmettrons
pour n'eſtre prolixe.

F I N.

LE
SECOND LIVRE
DES ZETETIQVES.
ZETETIQVE I.

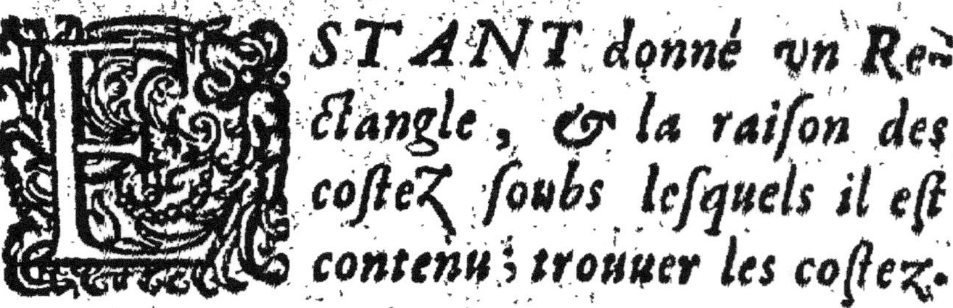

STANT donné vn Rectangle, & la raison des costez soubs lesquels il est contenu; trouuer les costez.

Le Rectangle est ce qui est fait de deux costez, & la prolation du planiel contenu soubs les costez n'emporte rien autre chose.

Soit le Rectangle donné B plan, contenu soubs deux costez, desquels la raison du majeur au mineur est comme S à R; il faut trouuer les costez.

Le majeur costé soit A. Or pour autant que S est à R, comme A à $\frac{R\,A}{S}$, le moindre costé sera $\frac{R\,A}{S}$; Et le Rectangle contenu des costez $\frac{R\,A\,Q}{S}$. Et par consequent egal au plan donné B p. le tout multiplié par S. RAQ est egal à SBp, & ceste égalité estant reuoquee à analogie, R est à S, comme Bp à AQ.

Autrement le moindre costé soit E. Donc R estant
à S comme E à $\frac{SE}{R}$, le majeur costé sera $\frac{SE}{R}$: le Rectan-
gle soubs les costez sera $\frac{SEQ}{R}$, qui par consequent sera

egal à B plan. Le tout estant multiplié par R, SEQ
est egal à RBp. L'egalité reuoquée en analogie; comme S
est à R, ainsi Bp à EQ.

Estant donc donné vn plan contenu soubs les costez,
auec la raison d'iceux; on trouuera les costez.

THEOREME.

Comme le costé semblable du premier au
costé semblable du second, majeur ou mi-
neur, ainsi le rectangle soubs les costez au
quarré du second majeur ou mineur costé.

Soit B plan 20. R 1. S 5. A est egal à 10.

EN LIGNES.

Soit le rectangle
soubs les costez
egal au quarré de
de A, & la raison
du mineur au ma-
jeur, comme R à S;
il faut trouuer les
costez.

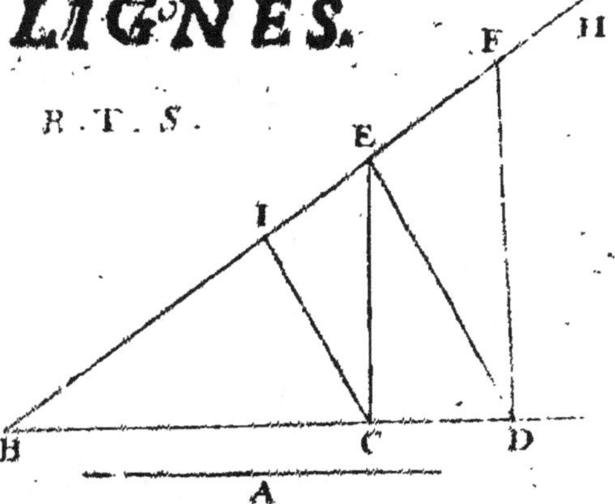

Soit trouuée T, moyenne proportion entre
R & S, puis soit fait comme R à T, ainsi BC à BD.

Apres soit menée BH, sur laquelle soit prise BE
egale à A, & tirée CE à laquelle faisant DF parallele,
coupant BH en F, la ligne BH sera le majeur costé;
ou tirant DE & faisant C I parallele à DE, BI sera
le moindre costé.

ZETETIQVE II.

Stant donné le rectangle conte-
nu soubs les costez, & l'aggregé
des quarrez d'iceux; les costez
seront trouuez.

THEOREME.

Le double du rectangle soubs les costez
adjousté à l'aggregé des quarrez, est egal
au quarré de la somme des costez: Et osté
du mesme aggregé au quarré de la diffe-
rence.

Comme il parest par l'origine du quarré, ayant la racine
en costé de deux noms.

Soit le rectangle soubs les costez 20. l'aggregé des quarrés,
desquels soit 104. donc les quarré de la some des costez sera
104 + 40, ou 144 celuy de la difference 104 — 40, ou
64. partant l'aggregé des costez sera 12, & la difference 8
& les costez 2 & 10 par le premier Zetetique du premier

Cela sera monſtré par la figure ſuiuante, en laquelle le quarré ABCD, a pour coſté la ligne AB egale aux coſtez AG, GB, deſquels les quarrez A E, EC auec les ſupplemens ED, EB font le quarré total ABCD, c'eſt la 4. du 2. d'Eucl.

En apres ſi des meſmes quarrez AE, EC on oſte le double de EB, c'eſt à dire le gnomon IFK auec le quarré AE, car ils ſont egaux; le reſte ſera le quarré FC, qui eſt egal à celuy de HB, difference des coſtez AG, GB.

Pourquoy eſtant donnée la difference des deux coſtez & leur ſomme, on donnera les coſtez.

EN LIGNES.

L'aggregé des quarrez ſoit egal au quarré de A, & le rectangle contenu ſoubs iceux, egal au quarré de B.C; il faut trouuer les coſtez.

Soit au poinct C eſleuée perpend. ſur BC, la ligne droicte egal à la meſme BC, & conjoints B & D par la droicte BD, ſur laquelle au poinct B, ſera auſſi

esleuée perpendiculairement BE, égale à A, & tirée
la ligne ED, laquelle sera la somme des costez.

Pour auoir la difference faut sur] E B, descrire le
demy cercle B F E, danslequel appliquant BF, égale
à B D, & tirant E F, icelle sera la difference des
costez, lesquels seront finalement trouuez, retran-
chant de ED, EG égale à EF, & diuisant le reste
en deux parties égales au poinct H, & les costez
seront EH, HD.

La preuue est que le quarré de BD, est égal au
double du rectangle, lequel adiousté au quarré de
EB, fait le quarré de ED, pour celuy de la somme
des costez & osté du mesme quarré, reste le quarré
de EF, pour le quarré de la difference des mesmes.

ZETETIQVE III.

*E Stant donné le rectangle soubs les co-
stez, & la difference d'iceux, on
trouuera les costez.*

THEOREME.

*Le quarré de la difference des costez
adiousté au quadruple du rectangle conte-
nu soubs iceux, est égal au quarré de la
somme des costez.*

Car il a des-ja esté veu, que le quarré de l'aggregé des

costez, moins le quarré de leur difference est égal au quadruple du rectangle contenu soubs les costez; c'est pourquoy il n'a esté necessaire que de l'anthitese.

Comme si la somme des costez estoit B+D, leur difference B=D, le quarré de leur somme seroit Bq + 2BD + Dq, & celuy de leur difference Bq—2BD+Dq, leur difference est 4BD, partant si au mesme quadruple est adjousté le quarré de la difference, la somme sera le quarré de la somme.

Cela est aussi euident par la figure du precedent Zetetique, en laquelle FE, est le quarré de la difference, & le quadruple du rectangle le quomon DFB, lesquels ensemble font le quarré de la somme des costez ABCD.

Estant en apres donnée la difference des deux costez & la somme, on donnera les costez.

Soit le rectangle soubs les costez 20, desquels la difference est 8. le quarré de la somme sera 64+80, ou 144, desquels la racine qui est 12, sera la somme des costez, les mesmes costez seront 2 & 8 par le prem. Zetet. premier.

EN LIGNES. f. 74.

Le Rectangle donné soit le quarré de BC, & E, la difference des costez; il faut trouuer iceux.

BD soit faicte double à BC, & BA, perpendiculaire à icelle & égal à E, puis menant la ligne AD, icelle sera l'aggregé des costez, qui seront distinguez par le premier Zet. premier.

Cela ce demonstre, d'autant que BD, est le quadruple du rectãgle soubs les costez, auquel adiousté le quarré de AB difference, fait le quarré de AD pour la somme.

❧❧❧❧❧❧❧❧❧❧❧❧❧

ZETETIQVE IIII.

ESTANT *donné le Rectangle contenu soubs les costez, auec l'aggregé d'iceux, on trouuera les costez.*

THEOREME.

Le quarré de l'aggregé des costez, moins le quadruple du rectangle contenu soubs iceux, est égal au quarré de la difference des costez.

Ainsi que l'on peut inferer par l'antbitese de ce qui a esté cy deuant ordonné.

D'autant que si Bp est le rectangle soubs les costez Dq , le quarré de la difference , il s'ensuit que 4Bp+Dq sera égal en quarré de l'aggregé des costez lequel soit FQ ; donc par anthitese 4Dq serõt égaux à FQ—4BQ.

Le Rectangle contenu soubs les costez soit 20, & leur somme 12, le quarré de la difference des costez sera 144—80, ou 64, duquel la racine est 8 pour la difference ; partant les costez seront 2 & 10.

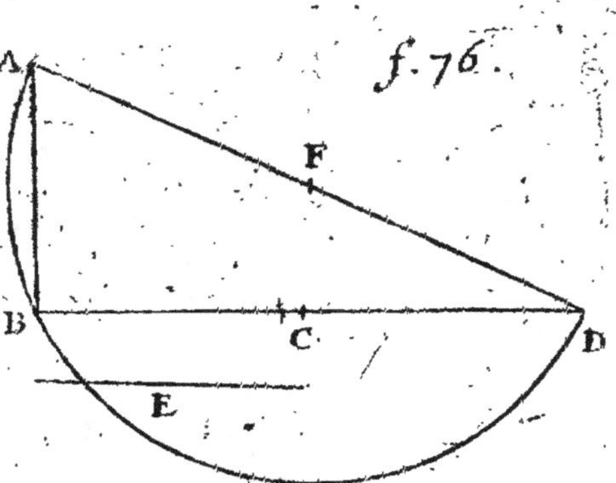

AD foit la fôme des coftez, & le quarré de E égal au Rectangle contenu foubs iceux; il faut trouuer les coftez.

Sur AD, foit fait le demy cercle ABD, & dans iceluy appliquée DB égale au double de E, puis menant BA, icelle fera la difference des coftez, par le moyen de laquelle, & de AD, les coftez feront trouuez, par le premier Zetet. premier.

***

ZETETIQVE V.

ESTANT *donnee la difference des cô-ftez, & l'aggregé des quarrez, on* trouuera les coftez.

THEOREME.

Le double de l'aggregé des quarrês, moins le quarré la difference des costez, egal eft au quarré de l'aggregé des coftez.

Car il eft conftant, que le quarré de l'aggregé des coftéz, plus le quarré de la difference eft égal au double de l'ag-gregé

gregé des quarrez, c'eſt pourquoy il n'a eſté queſtion que de l'anthiteze.

Cela eſt môſtré par le Theoreme de la 12. proportion des notes premieres pour le Logiſtique: Partât ſi Bq eſt le quarré de l'aggregé, Dq celuy de la difference, Bq+Dq ſera égal au double de l'aggregé des quarrez , lequel ſoit 2Fp ; dont par anthiteſe 2Fp—Dq ſeront égaux à Bq.

Soit la difference des coſtez 8, l'aggregé des quarrez 104. le quarré de la ſomme ſera 208—64, ou 144, deſquels la racine eſt 12 pour l'aggregé des coſtez, leſquels ſeront trouuez eſtre 2 & 10.

EN LIGNES.

Le quarré de GD ſoit égal à l'aggregé des quarrez de deux coſtez deſquels la difference ſoit E, il faut trouuer les coſtez.

Soit menée du poinct G, la ligne

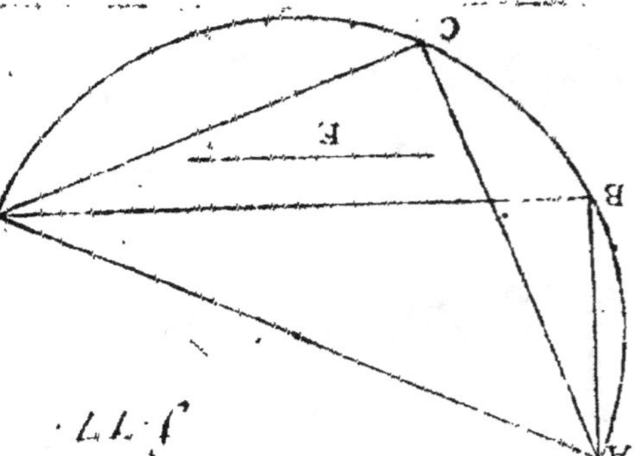

GA, égal à GD, & faiſant auec la meſme l'angle droict AGD, & tirée AD, ſur laquelle ayant fait le demy cercle AGD, & dans iceluy appliquée AB égale à E, ſi on mene DB, elle ſera égale à la ſomme des coſtez : Et eſtant donnée, la ſomme & la difference; les coſtez ſeront donnez.

La preuue eſt, que le quarré de AD, eſt égal au double du quarré de GD, c'eſt à dire au double de l'aggregé des quarrez, duquel oſté le quarré de AB

L

qui est celuy de la difference, restera le quarré de
BD. pour le quarré de la somme ; partant BD, est la
mesme somme des costez.

ZETETIQVE VI.

ESTANT donné l'aggregé des co-
stez, & l'aggregé des quarrez ; on
trouuera les costez.

THEOREME.

Le double de l'aggregé des quarrez,
moins le quarré de la somme des costez, est
egal au quarré de la difference.

Comme il est facile à colliger par anthitese de ce qui a
esté dit au Zetetique precedent.

Car si Bp est l'aggregé des quarrez, Dq le quarré
de la difference, & Fq celuy de la somme, 2Bp— Dq
sera egal à Fq, & par anthitese 2Bp— Fq est à Dq.

L'aggregé des costez soit 12. celuy des quarrez 104.
partant le quarré de la difference sera 208—144,
ou 64, duquel la racine est 8 pour la difference des
costez.

L'exegetique en lignes est semblable à celle du
precedent Zetetique.

ZETETIQVE VII.

ESTANT donnee la difference des co-
stez & la difference des quarrez, on
trouuera les costez.

THEOREME.

La difference des quarrez estant ap-
pliquee à la difference des costez, donne-
ra la somme des costez.

Cella a des-ja esté puis que la difference des costez
estant multipliee par la somme d'iceux, fait la difference
des quarrez, d'autant que l'application est la restitution
de cella qui est faicte par la multiplication.

La difference des costez soit 8. & la difference de
leurs quarrez 96, la somme de leurs costez est faicte
$\frac{96}{8}$ ou 12. partant le plus grand costé 10. le moindre 2.

EN LIGNES.

La difference
des costez soit
AB ; & la diffe-
rence des quarrez
égale au quarré de
C ; il faut trouuer
le requis.

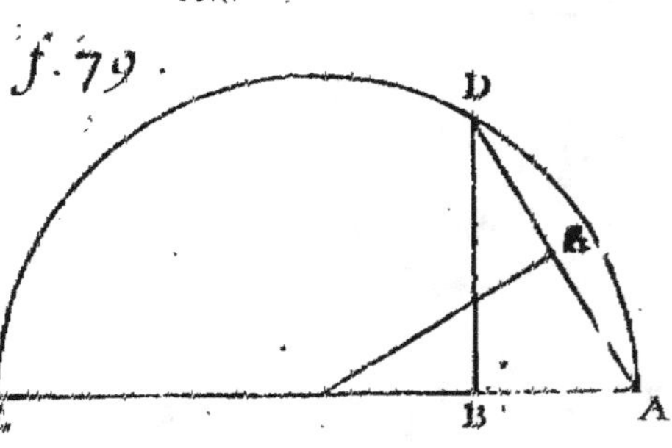

Au poinct B sur la ligne BA, soit esleuée la perpendiculaire DB égale à C: puis conjoinct D & A, laquelle estant diuisée en deux également en E, & d'iceluy tirée EF perpendiculaire, coupant AB prolongé en F, duquel comme centre descriuant le demy-cercle ADE, coupant AB en E, icelle BE sera l'aggregé des costez.

Car le rectangle ABE est égal au quarré de BD, lequel est égal à la difference des quarrez.

ZETETIQVE VIII.

ESTANT *donnee la somme des costez & la difference des quarrez, on trouuera les costez.*

THEOREME.

La differēce des quarrez estant appliquee à la somme des costez, donnera la difference des costez.

Comme il parest par ce qui a esté dit au Zetetique precedent.

Soit la somme des costez 12, la difference des quarrez 96. la difference des costez est faitte $\frac{96}{12}$ ou 8, c'est pourquoy le majeur costé sera 10, le moindre 2.

L'exegetique en lignes est semblable à celle du precedent.

ZETETIQVE IX.

ESTANT donné le Rectangle soubs les costez, & la difference des quarrez. trouuer les costés.

Soit B plan, le rectangle soubs les costez. Et la difference des quarrez D plan. Il faut trouuer les costez.

L'aggregé des quarrez soit A plan. Donc le quarré de la somme des costez sera $Ap + 2Bp$. La difference $Ap - 2Bp$. Mais la somme des costez multipliée pour la difference, faict la difference des quarrez. C'est pourquoy le quarré de la somme des costez multiplié par le quarré de la difference, sera le quarré de la difference des quarrez. Donc $App - 4Bpp$ sera egal à Dpp. Et en ordonnant App sera egal à $Dpp + 4Bpp$.

En apres estant donné l'aggregé des quarrez, & la difference d'iceux, ou le rectangle soubs les costez, on trouuera les costez.

Donc estant donné le rectangle soubs les costez, & la difference des quarrez, on donnera les costez.

THEOREME.

Le quarré faict par la difference des quarrez, auec le quarré du double rectangle, est egal au quarré de l'aggregé des quarrez.

soit Bp 20. D plan 96. App. sera 10816 &
Ap 104 pour l'aggregé des quarrez.

****

ZETETIQVE X.

ESTANT donné vn plan composé du rectangle soubs les costez que des quarrez, de chacun d'iceux, & l'vn d'iceux costez; trouuer le costé restant.

Soit Bp faict du rectangle soubs les costez, & des quarrez de chacun des costez. & D soit aussi donné pour l'vn des costez, il faut trouuer le costé restant.

Le costé dont est question auec la moitié du donné soit A. Donc le vray costé cherché sera $A - \frac{1}{2}D$. & le quarré d'iceluy $AQ - DA + \frac{1}{4}DQ$. le quarré du donné DQ. lesquels adioustez auec le rectangle contenu soubs les costez sont egaux à Bp ainsi qu'il est proposé: Mais le rectangle soubs les costez est $DA \quad \frac{1}{4}DQ$. C'est pourquoy $AQ + \frac{1}{4}DQ$ sera egal à Bp, l'equation estant ordonnee AQ sera egal à $Bp - \frac{1}{4}DQ$.

Estant donc donné vn plan fait du rectangle soubs les costez, & des quarrez de chacun d'iceux auec l'vn des costez, on trouuera le costé restant.

THEOREME.

Le plan faict du rectangle, & de chacun des quarrez des costez, diminué des trois quarts du quarré du costé donné: Est *egal au quarré du costé composé du costé requis, & de la moitié du donné.*

Soit B plan 124. D2. A est egal à V121. donc le costé requis est V121] — 1. ou 10.

Ou B plan estant 124. D10, A est egal à V49. & partant le costé requis est V49] — 5, c'est 4.

EN LIGNES.

Le quarré de A B soit egal au plan proposé, BG au costé donné ; il faut trouuer le requis.

f. 83.

Soit faicte DB egale aux ¾ de BC, & sur DC descript le demy cercle DEC, coupant BE esleuée perpendiculairement sur la mesme DC au poinct E. En apres sur AB soit descript le demy cercle AFB, dans lequel estant appliquée FB egale à EB & menée AF ; icelle sera egale au costé requis prolongé de la moitié de BE, c'est pourquoy retranchant d'icelle FG, egale à la moitié de BC, le reste sera le costé demandé.

Pour autant que le quarré de BE ou BF est egal aux trois quarts du quarré de BC, lesquels ostez du quarré de AB egal au plan donné, restera le quarré de la ligne AF, laquelle par le Zetetique sera composée de la requise, & de la moitié de la donnée BC.

SCHOLIE.

Le procedé de l'Autheur en ce Zetetique, lors qu'il pose A pour l'aggregé du costé requis & de la moitié du donné, est à fin d'euiter vne equation du quarré affecté soubs le costé, comme sans doute il en arriueroit vne si l'on procedoit selon l'ordinaire par la position de A pour le requis; car cela estant le quarré du requis seroit AQ du donné DQ, & le rectangle soubs les costez DA, lesquels joincte seroient AQ+DA+DQ egal à Bp, qui est vne equation du quarré affecté soubs le costé, desquelles equations l'Autheur n'ayant en aucune façon parlé auparauant les Zetetiques, les a voulu euiter par ceste supposition. Cest artifice doit estre remarqué pour s'en seruir quant l'occasiõ s'offrira.

Ie m'estonne pourquoy Vasset qui a traduict ce Zetetique, a osté l'opperation & le discours de celuy-cy, mais i'estime qu'il a creu que cela n'estoit de son gibier & n'y entendoit rien: Il a aymé mieux le taire que de faillir. Il seroit à desirer qu'il en eust fait de mesme en beaucoup d'endroict, où il a commis des fautes qu'il eust euitez par ce moyen.

ZETETIQVE XI.

ESTANT donné vn plan faict du rectangle soubs les costez & des quarrez de chacun d'iceux, estant aussi

donnée

donnee la somme d'iceux, costez; distin-
guer les costez.

Soit donné B plan composé, du Rectangle soubs les
costez & de chacun des quarrez d'iceux; soit aussi donné
G la somme des costez. Il faut distinguer les costez.

Soit le Rectangle soubs les costez A plan. Donc pour
autant que le quarré de la somme des costez est egal au
quarré de chacun des costez plus le double de leur Rectan-
gle, il s'ensuit que G quarré sera egal à Bp+Ap, & en or-
donnant l'equation GQ—Bp, sera egal à AB.

Mais estant donnee la somme des costez, & le Rectan-
gle soubs iceux; on donnera les costez.

Donc estant donné le plan composé du Rectangle
soubs les costez & du quarré de chacun d'iceux, & outre
cela la somme des costez; les costez seront distinguez.

THEOREME.

Le quarré de la somme estant diminué
du plan proposé, reste le Rectangle soubs
les costez.

B plan soit 124. G 12. A plan est faict egal à 144—124
c'est 20. partant le quarré de la difference des costez sera
64; c'est pourquoy le double du majeur costé sera 12+√64
ou 20, le double du moindre 12—√64. ou 2.

L'exegetique en ligne de ce Zetetique & du
suiuant, est faicte en la mesme sorte que du
precedét, sinon qu'en ce Zetet. il faut premierement
trouuer le Rectangle soubs les costez, qui ce faict
par le moyen d'vn triangle rectangle, ayant son hy-

poténuſe egale à G , & l'vn des coſtez d'autour l'an-
gle droit, egal au coſté d'vn quarré egal à Bp : car
le quarré du reſtant ſera egal au rectangle & au ſui-
uãt, faut trouuer l'hypoténuſe d'vn triangle rectan-
gle, duquel l'vn des coſtez de l'angle face ſon quar-
ré egal à B p, l'autre au Rectangle ſoubs les coſtez.

ZETETIQVE XII.

ESTANT donné vn plan lequel con-
tienne tant le rectangle ſoubs les co-
ſtez, que les quarrez de chacun d'iceux,
eſtant auſſi donnè le rectangle ; on diſtin-
guera les coſtez.

THEOREME.

*Le plan compoſé adjouſté au rectangle,
ſera egal au quarré de la ſomme des coſteƵ.*

Par les meſmes cauſes qui ont eſté dictes au Zetetique
precedent.

Le plan compoſé du rectangle ſoubs les coſtez, & des
quarrez de chacun d'iceux, ſoit 124. & le rectangle 20.
quarré de la ſomme des coſtez ſera 144. duquel oſtant
quadruple du meſme rectangle 20, reſtera 64 pour le
quarré de la difference, c'eſt pourquoy le double du plus
grand coſté ſera $\sqrt{144}+\sqrt{64}$, le double du moindre
$\sqrt{144}-\sqrt{64}$.

ZETETIQVE XIII.

ESTANT donné l'aggregé des quar-
rez, et leur difference, trouuer les
costez.

Soit donné Dp l'aggregé des quarrez & leur diffe-
rence B plan. Il faut trouuer les costez.

Donc le double du quarré du plus grand sera D plan
+ Bp, & du plus petit D plan — Bp suiuant la doctrine
enseignee cy deuant en la recherche des costez, par leur
somme ou difference: Mais le double estant donné, le simple
le sera aussi, & estant donnez les quarrez, les costez sont
requis.

Aussi n'est-il point necessaire d'autre procedé que ce-
luy qui a esté fait des costez, comme estant general pour
quelque grandeur que ce soit de mesme genre.

Soit D plan 104. B plan 96. le quarré du majeur
costé est egal à 100. & le quarré du moindre costé à 4.

ZETETIQVE XIIII.

ESTANT donnee la difference de deux
cubes, & l'aggregé d'iceux, trouuer
les costez.

Soit donnee la difference des cubes B solide, & soit
aussi donné l'aggregé d'iceux D solide. Il faut trouuer
les costez.

Le double du plus grand cube sera D *sol.* + B *sol. le double du mineur* D *sol.* — B *sol. suiuant la doctrine donnee sur les costez, & repetee aux quarrez, ou nous auons aduerty que cela s'applique à quelconques genres de grandeurs : Mais estant donné le double, le simple est donné, & estans donnez les cubes, les racines le sont aussi; De sorte que ce Zetetique à peine merite d'auoir ce nom.*

Soit B *solide* 316. D *solide* 370. *le plus grand cube est egal à* 343. *le moindre à* 27.

❧❧❧❧❧❧❧❧❧❧❧❧❧❧❧❧❧❧❧

ZETETIQVE XV.

ESTANT *donnee la difference des cubes, & le rectangle soubs les costez; on trouuera les costez.*

THEOREME.

Le quarré de la difference des cubes plus le quadruple du cube du rectangle soubs les costez, est egal au quarré de l'aggregé des cubes.

Il a des-ja esté fait, que le quarré de l'aggregé des cubes moins le quarré de leur difference, est egal au quadruple du cube du rectangle, tellement qu'il n'est seulement besoin que de faire l'antithese.

Soit la difference des cubes 316. *le rectangle soubs les* coftez 21. le quarré de l'aggregé des cubes fera 136900.

C'eft pourquoy le double du plus grand cube fera $\sqrt{136900+316}$. & le double du moindre $\sqrt{136900-316}$.

SCHOLIE.

L'Autheur dit cela auoir def-ja efté fait : mais faut noter que ç'a efté implicitement, quant au 3. Zetetique de ce liure il dit, la difference des coftez, & le rectangle çontenu foubs iceux eftant donné, on trouuera les coftez : car pofant les cubes pour coftez, il eft tout euident que le cube du rectangle fera le rectangle de ces mefmes cubes ; & pattant la queftion ne s'eftend point à autre chofe, finon qu'eftant donnee la difference des coftez & le rectangle, trouuer iceux, qui font les cubes defquels la differencé eft donnee ; c'eft pourquoy le procedé eft en tout femblable à celuy du 3. Zetetique, finon qu'il faut cuber le rectangle ; à fin de le faire eftre engendré des cubes comme coftez.

ZETETIQVE XVI.

Estant donné l'aggregé des cubes, & le rectangle foubs les coftez ; on trouuera les coftez.

THEOREME.

Le quarré de l'aggregé des cubes, moins

le quadruple du cube du rectangle soubs les coſtez, eſt egal au quarré de la difference des cubes.

Comme il eſt facile à inferer par anthiteſe du Zetique precedent.

Soit l'aggregé des cubes 370. le rectangle soubs les coſtez 21. le quarré de la difference des cubes ſera 99856.

❧❧❧❧❧❧❧❧❧❧❧❧❧❧❧❧❧❧

ZETETIQVE XVII.

ESTANT donnee la difference des coſtez, & la difference des cubes; trouuer les coſtez.

Soit donné B difference des coſtez, & D ſolide la difference des cubes. Il faut trouuer les coſtez.

La ſomme des coſtez ſoit E, donc E+B ſera le double du plus grand, & E—B le double du plus petit : mais la difference des cubes d'iceux eſt $6BEQ+2BC$ egal, par conſequent à $8D$ ſolides.

C'eſt pourquoy $\dfrac{4DS-CB}{3B}$ ſont egaux à E quarré.

Mais le quarré eſtant donné le coſté le ſera auſſi, & la difference des coſtez eſtant donnee & la ſomme d'iceux les coſtez ſeront donnez.

Donc eſtant donnee la difference des coſtez, & la difference des cubes, en trouuera les coſtez.

THEOREME.

Le quadruple de la difference des cubes, moins le cube de la difference des costez, estant appliqué au triple de la difference des costez, produit le quarré de la somme des costez.

Soit B6, D solide 504. le quarré de la somme des costez sera 100.

✱✱✱✱✱✱✱✱✱✱✱✱✱✱✱✱

ZÉTETIQVE XVIII.

ESTANT donnee la somme des co-stez, & la somme des cubes, distin-guer les costez.

Soit B la somme des costez, D solide la somme des cubes, il faut donner les costez.

La difference des costez soit E, donc B+E est le double du plus grand costé, & B—E le double du plus petit ; & partant la somme des cubes d'iceux sera $2BC+6BEQ$ esgaux, par consequent à 8D solide.

C'est pourquoy $\dfrac{4D\,sol.—BC}{\frac{1}{2}B}$ sont egaux à E quarré:

Mais le quarré estant donné on donnera le costé, & la somme des costez estant donnee, & la difference, les costez serons donnez.

Donc estant donnee la somme des costez & la somme des cubes; on donnera les costez.

THEOREME.

Le quadruple de la somme des cubes, moins le cube de la somme des costez, appliqué au triple de la somme des costez, donné le quarré ue la difference des costez.

B soit 10. D solide 370. Eq sera 64.

SCHOLIE.

a2BC+6BEq est la difference des cubes de B+E & de B—E & non pas 2BC—6BEQ comme il y a au Latin, lequel V asset a esté trop religieux d'obseruer.

ZETETIQVE XIX.

ESTANT *donnee la difference des costez, est la difference des cubes; trouuer les costez.*

soit donnee la difference de deux costez B, & la difference des cubes D sol. il faut trouuer les costez.

Le rectangle soubs les costez soit A plan: Or comme il est euident par l'origine du cube, que si de la difference des cubes on soustraict le cube de la difference, le reste sera le triple

triple du solide fait du rectangle soubs les costez par la
difference des mesmes costez: C'est pourquoy D sol —— BC,
sera egal à 3 BA plan, le tout estant divisé par 3 B, $\dfrac{DS - BC}{3 B}$

est egal à Ap.

Mais estant donné le rectangle soubs les costez & la
difference d'iceux; on donnera les costez.

Estant donc donnée la difference des costez, & la
difference des cubes, on trouuera les costez.

THEOREME.

*La difference des cubes moins le cube de
la difference des costez, estant appliquee
au triple de la mesme difference des costez,
ce qui sera produit est le rectangle soubs les
costez.*

Soit B4. D solide 316. A plan est faict 21. rectangle des deux costez 7 & 3.

Que si par la difference des cubes & rectangle on
recherchoit la difference des costez, supposant A plan estre
F plan, & que B fust celuy ce dont est question. Iceluy soit
A l'egalité Aduiendra ainsi, AC+3FPIA, est egal
à D solide, c'est à dire.

*Le cube de la difference des costez, plus
le triple du solide du rectangle soubs les co-
stez, par la difference des mesmes, est egal
à la difference des cubes.*

Ce qu'il a falu remarquer.

SCHOLIE.

6, Il y a au Latin ʒ, au lieu de ʒ B, qui a esté
fuiuy de Vaffet, fans regarder comme en beaucoup
d'autres endroicts, que c'eſt vne erreur d'impreſ-
ſion ; mais cecy ne feroit rien, s'il n'auoit commis
que ceſte faute.

ZETETIQVE XX.

DERECHEF auſſi, eſtant donné l'ag-
gregé des coſtez, & l'aggregé des
cubes, trouuer les coſtez.

G, foit donné l'aggregé des coſtez, & D fol. foit
auſſi donné pour l'aggregé des cubes, il faut trouuer les
coſtez.

A plan foit le rectangle foubs les coſtez, ou comme il eſt
euidẽt par l'origine du cube. Si du cube de l'aggregé des co-
ſtez on oſte l'aggregé des cubes, le reſte fera egal au triple du
folide fait du rectangle foubs les coſtez par l'aggregé d'i-
ceux. C'eſt pourquoy GC—DS eſt egal à Ap.
                        ʒ G

Mais eſtant donné le rectangle foubs les coſtez, &
l'aggregé d'iceux ; les coſtez feront donneʒ.

Donc eſtant donné l'aggregé des coſtez & l'aggregé
des cubes, on trouuera les coſtez.

THEOREME.

Le cube de l'aggregé des costez, moins l'aggregé des cubes, estant appliqué au triple de mesme aggregé des costez, le plan qui viendra de ceste application sera le rectangle contenu soubs les costez.

Soit G 10. D solide 570. A plan est fait 21. rectangle des costez 7 & 3.

Que si par l'aggregé des cubes, & le rectangle on faisoit demande de la somme des costez, comme si Ap estoit entendu Bp. & que de G fust la question, lequel soit A, l'equation viendroit à ce poinct. AC—3Bp A egal à D solide, c'est à dire.

Le cube de l'aggregé des costez moins le triple du solide faict du rectangle soubs les costez par l'aggregé d'iceux, est egal à l'aggregé des cubes.

Ce qui estoit digne d'estre remarqué.

※※※※※※※※※※※※※※※※※※

ZETETIQVE XXI.

ESTANT donneZ deux solides, l'vn faict de la difference des costez par la

difference des quarrez, l'autre de la somme
des coſtez par la ſomme des quarrez; trou-
uer les coſtés.

Le premier ſolide donné ſoit B ſolide, le ſecond D
ſolide.

La ſomme des coſtez ſoit A donc $\dfrac{\text{B ſol}}{\text{A}}$ ſera le quarré

de la difference des coſtez, & $\dfrac{\text{D ſol.}}{\text{A}}$ l'aggregé des quar-

rez : mais le double de l'aggregé des quarrez moins le
quarré de la difference fait le quarré de la ſomme des co-
ſtez : C'eſt pourquoy $\dfrac{2\ \text{D ſol.} - \text{B ſol}}{\text{A}}$ ſeront egaux à AQ

& toutes les parties de l'equation multipliées par A.
2DS — BS ſeront egaux à AC.

Eſtant donc donnez deux ſolides tels que les propoſez,
on trouuera les coſtez.

THEOREME.

Le double du ſolide faict de la ſomme
des coſtez, par la ſomme des quarrés, moins
le ſolide fait de la difference des coſtez par
la difference des quarrez, eſt egal au cube
de la ſomme des coſtez.

Soit B ſolide 32. D ſolide 272. A cube eſt faict 512,
& la ſomme des coſtez 8. le quarré de la difference
$1\frac{1}{2}$. c'eſt à dire 4. c'eſt pourquoy la meſme difference

sera V 4. donc le moindre costé est 4. moins la moitié du
costé de 4. & le majeur 4. plus la mesme moitié; c'est à
dire 4—V1 & 4+V1.

Soit B solide 10. D solide 20. A cube est fait 30. Donc
la somme des costez sera V C. 30. le quarré de leur diffe-
rence $\frac{-1\ 0}{\mathrm{VC}3}$. autrement V C $\frac{1\ 0\ 0}{3}$; parquoy la mesme
difference VCC $\frac{1\ 0\ 0}{3}$. & le moindre costé V C $\frac{1\ 0}{2}$—
VCC $\frac{1\ 0\ 0}{3\ 9\ 2}$. le majeur costé V C $\frac{1\ 0}{2}$+VCC $\frac{1\ 0\ 0}{3\ 9\ 2}$.

Cardan en la 93. question du 66. chap. de son Arith-
metique, a bien recogneu en ceste hypotese, les costez estre en
proportion, sçauoir le mineur au majeur, côme 2—V3 à V.
2+3. mais il n'en a pas bien exprimé les costez.

SHCOLIE.

Vasset a mis $\frac{-1}{\mathrm{VC}3}$ & il faut VC $\frac{1}{3}$. pour le quarré de
la difference des cubes.

✤✤✤✤✤✤✤✤✤✤✤✤✤✤✤✤✤✤

ZETETIQVE XXII.

ESTANT donné l'aggregé des quar-
rez, & la raison du rectangle soubs
les costez au quarré de la difference; trou-
uer les costez.

B plan soit donné pour l'aggregé des quarrez, & le
rectangle soubs les costez soit au quarré de la difference,
comme R à S : Il faut trouuer les costez.

Le rectangle soubs les costez soit A plan, Donc le quarré de la difference des costez sera $\frac{SAP}{R}$, auquel adjousté le double du rectangle, sera l'aggregé des quarrez. Donc $\frac{SAp + 2RAp}{R}$ sera egal à B plan, laquelle equation, resuoquée en analogie S + 2 R sera à R, comme B plan, à A plan.

Donc estant données les conditions exposées, on donnera les costez.

THEOREME.

Comme le quarré semblable de la difference des costez, plus le double du rectangle semblable, au rectangle semblable soubs les costez, ainsi le vray aggregé des quarrez, au vray rectangle.

Soit l'aggregé des quarrez 20. & le Rectangle soubs les costez au quarré de la difference des mesmes, comme 2 à 1, & comme S + 2R est à R, c'est à dire 1 + 4 à 2, ainsi 20. à 8. C'est pourquoy le Rectangle dont est question sera 8. Donc 20 — 16 c'est 4, est le quarré de la difference des costez, & 20 + 16 le quarré de l'aggregé. D'où vient que la difference est V 4. la somme V 36, le moindre costé V 9 — V 1. le majeur V 9 + V 1.

L'aggregé des quarrez demeurant 20, & la raison du Rectangle soubs les costez, au quarré de la difference comme 1 à 1, sçauoir celuy-cy egal a celuy-la,

3 sera à 1, comme 20 à $\frac{2\ 0}{3}$, parquoy $\frac{2\ 0}{3}$ c'est le rectangle soubs les coftez. Donc $20 - \frac{2\ 0\ 0}{3}$, c'eft a dire $\frac{2\ 0}{3}$ fera le quarré de la difference des coftez, & $20 + \frac{2\ 0\ 0}{3}$ c'eft $\frac{2\ 0\ 0}{3}$ fera le quarré de l'aggregé. D'où vient que $V\frac{2\ 0}{3}$ eft la difference, & $V\frac{2\ 0\ 0}{3}$ l'aggregé. C'eft pourquoy le mineur cofté fera $V\frac{2\ 5}{5} - V\frac{5}{3}$ le majeur $V\frac{3\ 5}{3} + V\frac{5}{3}$. Donc Cardan c'eft trompé en la queftion 94 de fon Arithmetiqueeftap. 66.

SCHOLIE.

Vaffet pour monftrer qu'il n'eftoit guere bien verfé en la folution des Zeteriques, change en l'hypotefe la raifon du rectangle au quarré de la difference, en celle du quarré de la difference au rectangle, duquel il a valablement tiré vn Theoreme embroüillé, prenant le quarré de la difference des coftez pour le rectangle, & au contraire rapetafant ce pauure Theoreme des pieces qu'il prend dans l'Autheur contre le fens, & d'autre qu'il y adioufte fans fçauoir comment, luy faifant dire vne chofe pour l'autre, comme pour dire (le quarré femblable de la difference, plus le double du rectangle, & il dit) le femblable rectangle foubs les coftez, plus le double quarré de la difference, &c.

Fin du fecond liure des Zetes.

LE TROISIESME
LIVRE DES ZETETIQVES.

ZETETIQVE I.

ESTANT donnée la moyenne de trois lignes droictes proportionnelles, & la difference des extremes ; trouuer les extremes.

Les extremes des proportionnelles sont comme les costez d'vn rectangle egal au quarré de la moyenne.

Il a desia esté exposé, qu'estant donné le rectangle soubs les costez, & la difference des costez, les mesmes costez sont trouuez. Donc le quarré de la moitié de la difference des extremes, adiousté au quarré de la moyenne, sera egal au quarré de la moitié de l'aggregé des extremes.

Soit la difference des extremes 10. la moyenne 12. le quarré de la moitié de 10. qui est 5. est 25. qui adiousté au quarré de 12. 144. faict 169. desquels la racine quarrée est 13. pour la moitié de la somme des extremes, & par le premier Zetetique premier la maieure sera 13 + 5, la mineure 13 — 5, c'est à dire 18. & 8.

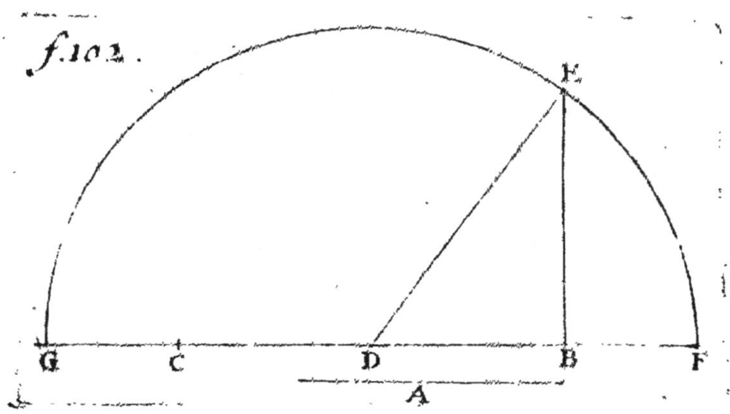

La difference des extremes BC, la moyenne A,
& il faut trouuer les extremes.

Sur BC, & au poinct B, soit esleuée la perpen-
diculaire BE, egale à A, & diuisée BC, en deux e-
galement au point D : puis menée DE, & du point
D, & interualle DE, d'escrit le demy-cercle FEG,
prolongeant de part & d'autre BC, iusques en F, &
G; & les extremes requises seront FB, & BG.

Que cela soit il est euident; car BE, est egal à A,
& BD, est la moitié de la difference, desquelles l'ag-
gregé des quarrez est egal au quarré de DE, 47.p.1.
laquelle DE, est moitié de FG. Donc FG, sera l'ag-
gregé des extremes, desquelles la difference estant
BC, & FB, CG, egales, les mesmes extremes se-
ront FB, & BG, par le Zetetique.

Que la consequence tirée du Zetetique soit ve-
ritable, il est certain puisque FG, estant diuisée en
deux egalement en D, & en deux inegalement en
B, le rectangle FBG, auec le quarré BD, sera egal
au quarré de FD, 5. p. 2. c'est à dire au quarré DE,
or au mesme quarré de DE, est egal l'aggregé des

quarrez de BE, BD, partant le rectangle FBG, auec
le quarré BD, est egal au quarré BE, auec le quarré
BD, ostant de choses egales, la commune qui est le
quarré de BD, restera le rectangle FBG, egal au
quarré de BE, par consequent FB, BE, BG, pro-
portionnelles par la 17ᵉ. p. 6ᵉ.

ZETETIQVE II.

ESTANT donnée la moyenne de trois lignes droictes proportionnelles, & l'aggregé des extremes : trouuer les extremes.

Ce probleme a aussi esté cy deuant exposé au Zet. 4.
du liure 2. sçauoir, estant donné le rectangle soubs les
costez, & la somme d'iceux, trouuer les costez.

Soit la moyenne 12. la somme des extremes 26. la
moindre extreme sera 8. la plus grande 18.

EN LIGNES.

En la figure precedente la moyenne soit A, &
la somme des extremes FG, il faut trouuer les ex-
tremes sur BC, soit descrit le demy cercle FEG,
& sur l'extremité F, esleuée la perpendiculaire FH,
egale à A: puis du poinct H, menée HE, parallele a
FG, coupant la circonference de ce cercle en E, du-
quel poinct abaissant EB, perpendiculaire sur FG,
les extremes requises seront FB, BG.

ZETETIQVE III.

EStant donnée la perpendiculaire d'vn triangle rectangle, & la difference de la base à l'hypotenuse : trouuer la base & hypotenuse.

Ce probleme a cy deuant esté expliqué, car il est le mesme, qu'Estant donnée la difference des quarrez & la difference des costez, trouuer les costez : D'autant que le quarré de la perpendiculaire est la difference du quarré de l'hypotenuse, au quarré de la base. Soit donc la perpendiculaire d'vn triangle rectangle donnée D, & la difference de la base à l'hypotenuse B ; il faut trouuer la base & l'hypotenuse.

La somme de la perpendiculaire & hypotenuse soit A. Donc BA, sera egal à Dq, & par consequent $\frac{Dq}{B}$ egal à A.

Mais estant donnée la somme des costez, & leur difference, les costez, seront aussy donnez,

Estant donc donnée la perpendiculaire d'vn triangle rectangle & la difference de la base à l'hypotenuse ; on trouuera la base & l'hypotenuse.

THEOREME.

LA perpendiculaire d'vn triangle rectangle est moyenne proportion-

nelle, entre la difference de la base à l'hy-
potenuse, & leur somme.

Soit D 5, B 1, les proportionnelles sont 1, 5, 25,
& partant l'hypotenuse sera 13, la base 12, la perpen-
diculaire demeurant 5. pour ceste raison, le zetetique
suiuant est mesme que celui cy.

EN LIGNES.

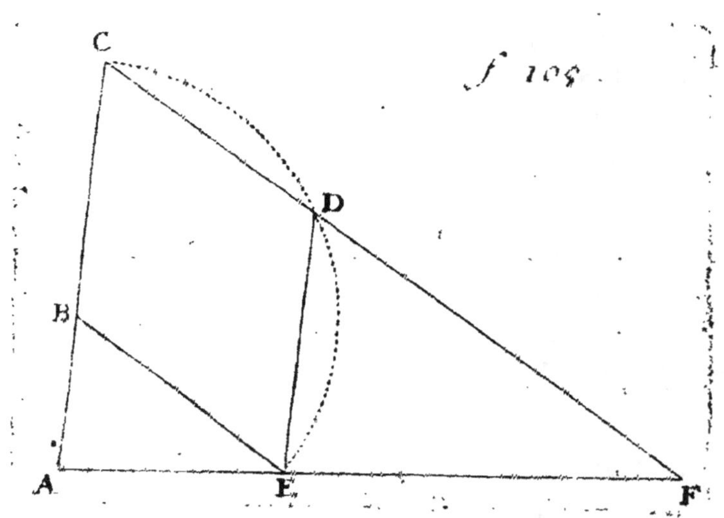

La difference de la base & hypotenuse soit AB, la
perpendiculaire BC, il faut trouuer la somme des
costez.

Du point B, comme centre & de l'interualle BC,
soit descrit l'arc de cercle CDE, dans lequel soient
appliquez successiuement CD, DE, chacune ega-

le à BC, puis tirant AE, & prolongeant CD, iusques à ce qu'elles se rencontrent en F, la ligne DF, sera la somme de la base & hypotenuse, lesquels seront dicernez par le premier Zetetique du premier liure.

La demonstration est que BC, CD, DE, EB, estant egales, les lignes BC, DE, seront paralelles. Pareille BE, CD, & par consequant les triangles BAE, DEF semblables; partant comme AB sera à DE, ainsi EB, à DF, mais DE, & EB, sont égalles chacune à BC, donc AB, sera à BC, comme BC, à DF, qui sera la somme de l'hypotenuse & base, ce qu'il falloit montrer.

On pourroit encore trouuer les costez par l'exegetique du 3. Zetetique du 2. liure preceddent auquel le lecteur est renuoyé.

DETERMINATION.

La determination des choses proposées en ce Zetetique est, qu'il faut que la difference de la base & l'hypotenuse soit moindre que la perpendiculaire, à cause que ceste difference & la somme des mesmes base & hypotenuse, sont les extremes de trois proportionnelles, & que la somme est plus grande que la differéce: partant le terme moyen qui est la perpendiculaire est plus grand que le plus petit des termes qui est la difference, & moindre que le plus grand qui est la somme: De semblable façon on peut determiner le Zetetique suiuant, duquel l'exegetique en lignes est mesme que celuy cy.

ZETETIQVE IV.

Estant donnée la perpendiculaire d'vn triangle rectangle, & la somme de la base & hypotenuse ; trouuer la base & hypotenuse.

Soit la perpendiculaire 5, la somme de la base & hypotenuse 25, les proportionnelles sont 25, 5, 1, c'est pourquoy la difference de la base à l'hypotenuse est 1, & la mesme base 12, l'hypotenuse 13.

L'exegetique en lignes est semblable à la precedente.

ZETETIQVE V.

Estant donnée l'hypotenuse d'vn triangle rectangle & la difference des costez d'autour l'angle droit ; trouuer iceux.

Cecy est, estant donnée la difference des costez, & la somme des quarrez, trouuer les costez, ce qui a desia esté montré au zet. 5. l. 2.

Soit l'hypotenuse d'vn triangle rectangle donnée D, la difference des costez d'alentour l'angle droict B, il faut trouuer les costez d'alentour l'angle droict, la somme de ces costez soit A; donc A + B sera le double du plus

grand costé & A—B, le double du plus petit, les quar-
rez faicts de chacun d'iceux adioustés ensembles font
Aq + 2 Bq, qui partant sont égaux à 4 DQ, c'est
pourquoy 2 Dq—Bq, seront égaux à Aq.

Estant donc donnée l'hypotenuse d'vn triangle re-
ctangle & la difference des costez autour l'angle droict,
on trouuera les costez.

THEOREME.

LE double du quarré de l'hypotenuse,
moins le quarré de la difference des
costez d'autour l'angle droict est égal au
quarré de la somme d'iceux.

Soit D 13. B 7. le quarré de la somme des costez
d'alentour l'angle droict, sera 338.— 49. ou 289
& A, sera $\sqrt{}$ 289. les costez autour l'angle droict
$\sqrt{72\frac{1}{4}} + 3\frac{1}{2}$ & $\sqrt{72\frac{1}{4}} — 3\frac{1}{2}$ c'est à dire 12
& 5.

L'exegetique en ligne est mesme que celle du 5e.
Zet. liure deuxiéme.

ZETETIQVE VI.

EStant donnée l'hypotenuse d'vn tri-
angle rectangle, & la somme des
costez restans ; trouuer iceux.

THEOREME

THEOREME.

LE double du quarré de l'hypotenuse, moins le quarré de la somme des costez restant, est egal au quarré de leur difference.

Comme il se peut inferer par l'antithese de l'equation precedente.

Soit derechef l'hypotenuse 13. la somme des costez d'alentour l'angle droict 17. le quarré de leur difference sera 49. partant A, est V 49. & les costez d'alentour l'angle droict $8\frac{1}{2}+V\ 12\frac{1}{4}$ & $8\frac{1}{2}-V\ 12\frac{1}{4}$ c'est à dire 12. & 5.

L'exegetique en lignes est semblable à celle du sixiesme Zetetique liure 2.

ZETETIQVE VII.

ON trouue en nombre trois lignes droictes proportionnelles.

THEOREME.

Deux costez estans pris, lesquels soient entr'eux comme nombre à nombre, la plus grand' extreme sera faite semblable au quarré du plus grand costé, le moyen au

rectangle soubz les costez & le moindre
du plus petit costé.

Soient les costez rationnels B & D, si on supposé B,
estre la premiere des proportionnelles, D la seconde, $\frac{DE}{B}$
sera la troisiesme. Le tout multiplié par B, l'ordre des
proportionnelles sera

1	2	3
Bq.	BD.	Dq.

Soit B 2. D 3. les proportionnelles seront 4. 6. 9.

ZETETIQVE VIII.

ON trouue en nombre vn triangle
rectangle.

THEOREME.

EStans constituees trois proportiõnelles
en nombre, l'hypotenuse est faicte sem-
blable à la somme des extremes, la base à
la difference, & la perpendiculaire au dou-
ble de la moyenne.

Car il a desia esté monstré que la perpendiculaire est
moyenne proportionnelle entre la difference de la base à
l'hypotenuse, & l'aggregé d'icelle. C'est au 3e. zet. l.3.

Soient mises en auant trois proportionnelles en nombre
4. 6. 9, d'icelle sera faicte l'hypotenuse d'vn triangle re-
ctangle 13. la base 5. la perpendiculaire 12.

ZETETIQVE IX.

ON trouue en nombre vn triangle
rectangle.

THEOREME.

EStant pris deux costez rationels l'hy-
potenuse, est faicte semblable à la som-
me des quarrez, la base à la difference &
la perpendiculaire au double du rectangle
soubz les costez.

Soient deux costez B & D. Donc les trois costez B, D,
Dq sont proportionnaux. Le tout multiplié par B, les trois
B

Bq, BD, Dq, sont proportionnaux: desquels par ce qui
a esté dict au zetet. precedant, l'hypotenuse sera faicte
semblable à Bq + Dq. la base à Bq = Dq. & la
perpendiculaire à 2 BD.

Et encore il a desia esté monstré que le quarré de la
somme des quarrez, est egal au quarré de la difference
d'iceux, auec le quarré du double du rectangle soubs
les costez.

Soit B2. D3. l'hypotenuse est faicte semblable à 13.
la base 5. la perpendiculaire 12.

ZETETIQVE X.

EStant donnee la somme des quarrez de chacune de trois proportionnelles, auec l'vne des extremes ; on trouuera l'autre extreme.

THEOREME.

LA somme des quarrez, moins les trois quarts du quarré de l'extreme donnée est esgal au quarré, composé de la moitié de l'extreme donnée, & de toute la requise.

Cela a esté trouué & demonstré cy deuant au 10. zet. liu. 2. c'est pourquoy il n'est besoin icy d'vn nouueau procedé.

La somme des quarrez de trois proportionnelles soit 21. la plus grande extreme d'icelle 4. donc 21 — 12, c'est à dire 9. est le quarré composé de 2. & de la moindre requise : Mais la racine quarree de 9. est $\sqrt 9$. c'est pourquoy la moindre requise est $\sqrt 9$ — 2. ou 1.

Mais le mesme aggregé demeurant 21. soit la moindre extresme 1. donc $20\frac{1}{4}$ ou $\frac{81}{4}$ est le quarré composé de $\frac{1}{2}$ & de la maieure requise, or la racine de $\frac{81}{4}$ est

$$V\frac{81}{4}$$ c'est pourquoy $V\frac{81}{4}-\frac{1}{2}$ est la maieure requise.

SCHOLIE.

Vasset a bien traduit ce que l'autheur dit en ce Zetetique, que cela a esté demonstré clairement : mais il faudroit auoir de bonnes lunettes pour voir cette demonstration, qui doit estre dans le 10. Zet. du 2. liu. laquelle il a supprimé toute entiere.

ZETETIQVE XI.

Estant donnee la somme des quarrez de chacune de trois proportionnelles, a-uec la somme des extremes, on trouuera les extremes.

THEOREME.

LE quarré de la somme des extre-mes, moins la somme des quarrez des trois, est esgal au quarré de la moyenne.

Mais estant donnee la somme des extremes, & la moyenne, on donnera les extremes. la mesme chose a esté si deuant trouuee & demonstree c'est pourquoy il n'est plus necessaire d'vn nouueau procedé.

Soit la somme des quarrez de trois proportionnelles 21,

ou la somme des extremes 5. donc 25. — 21. c'est à dire 4. sera le quarré de la moyenne, partant la moyenne est V 4. & les extremes 1. & 4.

SCHOLIE.

Vasset s'est bien gardé de supleer au deffaut du texte, il a mieux aymé qu'on n'entendit ce qu'il a traduict, car au lieu de dire,

La somme des extremes est 5. donc 25. — 21. c'est à dire 4. sera le quarré de la moyenne, il a mis, *la somme des extremes 25. — 21. c'est à dire 4. le quarré de la moyenne :* cela est excusable, il n'y cognoissoit rien.

ZETETIQVE XII.

Estant donnée la somme des quarrez de chacune de trois proportionnelles, & la moyenne: on trouuera les extremes.

THEOREME.

LA somme des quarrez des trois, plus le quarré de la moyenne, est esgale au quarré de la somme des extremes.

Par l'equation precedente faisant l'antithese, cela est euident.

Et la somme des extremes estant donnée, auec la moyenne, aussy les extremes seront données.

Soit la somme des quarrez, des trois proportionnelles

21. la moyenne 2. 21. + 4. c'est à dire 25. est le quarré, de la somme des extremes ; & partant les extremes seront V 25. & la plus grande 4. la moindre, 1. par le 2ᵉ. zetetique de ce liure.

ZETETIQVE XIII.

Estant donnée la difference des extremes, & la difference des moyennes, en l'ordre de quatres continuellement proportionnelles; trouuer les continuellement proportionnelles.

Ce mesme probleme a aussi esté cy deuant exposé, en deux zetetiques ; car il ne differe aucunement de cela qu'estant donné la difference des costez, & la difference des cubes, on trouuera les costez, comme le procedé le montrera.

Soit donc la difference des extremes D, & la difference des moyennes B, de quatres continuellement proportionnelles; il faut trouuer les proportionnelles.

La somme des extremes soit A, donc A + D, sera le double de la plus grande extreme & A — D, le double de la moindre extreme ; c'est pourquoy lors que A + D, sera multiplié en A — D, le produict sera le quadruple du rectangle souz les moyennes ou extremes : donc A q — D q, sera le rectangle, soubz les moyennes

$$\frac{}{4}$$

ou extremes, lequel estant multiplié par la plus grande

extreme, sera le cube de la plus grande des moyennes, & par la moindre des extremes, le cube de la plus petite des moyennes, & finalement par la difference des extremes, la difference des cubes des moyennes; c'est pourquoy $\frac{DAq - DC}{4}$, est esgal à la difference des cubes des moyennes. Mais si de la difference des cubes, on oste le cube de la difference des costez, ce qui restera est egal au triple du solide faict de la difference des costez, par le rectangle d'iceux, comme il est euident par la genese du cube faict de la difference des costez.

Partant $\frac{DAq - DC - 4BC}{4}$ est egal au triple du solide faict de la difference des moyennes, par le rectangle soubs les moyennes ou extremes, sçauoir ; $BAq - 3BDq$

l'equation ordonnée [a] $\frac{DC + 4BC - 3BDq}{D - 3B}$ est egal à A.

Estant donc donnee la difference des extremes, & la difference des moyennes en l'ordre de quatre continuellement proportionnelles, on trouuera les continuellement proportionnelles.

Soit D 7, B 2. le quarré de la somme des extremes sera 81, & partant V 81, sera la somme d'icelles & les extremes 1, & 8, les moyennes 2, & 4, continuellement proportionnelles.

I.	II.	III.	IIII.
1.	2.	4	8.

SCHOLIE.

[a] Vasset a voulu changer $\frac{DC + 4BC - 3BDq}{D - 3B}$

en $\frac{DC - 4BC + 3BDq}{D - 3B}$ en quoy il n'a pas beau-coup

coup bien reuſſy , s'il euſt regardé au Theoreme,
il euſt euité ceſte faute.

ZETETIQVE XIV.

DE quatre continuellement propor-
tionnelles , eſtant dannee la ſomme
des extremes & moyennes, trouuer icelles.

Ce probleme a auſſi eſté deſia mis en auant par deux
zetetiques; car il n'eſt en rien diſſemblable à celuy qui dit.
Eſtant donné l'aggregé des coſtez & l'aggregé des cu-
bes, on trouuera les coſtez. Comme le procedé ſera voir.

Soit la ſomme des extremes donnée D, & celle des mo-
yennes B, il faut trouuer les proportionnelles.

La difference des extremes ſoit A, donc le double de
la plus grande extreme ſera D + A, & le double de la
moindre D —— A, & eſtant multipliez, ils ſeront le
quadruple du reſtangle ſoubz les moyennes, ou extremes;
c'eſt pourquoy $\dfrac{Dq —— Aq}{4}$ ſera vn reſtangle lequel

multiplié par la plus grande extreme , ſera le cube de la
plus grande des moyennes, par la moindre extreme , le
cube de la moindre des moyennes , & finalement par la
ſomme d'icelles la ſomme des cubes des moyennes ; c'eſt
pourquoy $\dfrac{DC —— DAq}{4}$ eſt égal à l'aggregé des

cubes des moyennes, & ſi du cube de l'aggregé des coſtez
on oſte l'aggregé des cubes, le reſte ſera le triple du ſolide
faict de l'aggregé des coſtez par le reſtangle ſoubz iceux,

comme il est euident par la genese du cube faict soubz
deux costez.

Partant $\dfrac{4\,BC \text{———} DC + DAQ}{4}$ sont esgaux au

triple du solide faict de l'aggregé des moyennes, par le
rectangle soubz les moyennes, ou extremes, sçauoir
$3\,BDQ \text{———} 3\,BAQ$, laquelle exequation ordonnée

$\dfrac{3\,BDQ + DC \text{———} 4BC}{D + 3.B}$ seront esgaux à Aq.

Donc estant donné l'aggregé des extremes & des
moyennes, de quatre continuellement proportionnelles, en
donnera les proportionnelles.

THEOREME.

LE triple du solide soubz l'aggregé des
moyennes, & le quarré de l'aggregé
des extremes, plus le cube de l'aggregé des
extremes, moins le quadruple du cube de
la somme des moyennes, estant apliqué à
la somme des extremes, plus le triple de celle
des moyennes, le plan qui en viendra sera
egal au quarré de la difference des extre-
mes.

Soit D 9, B 6, le quarré de la difference des extre-
mes sera 49. partant icelle R, 49. & les extremes se-
ront 1. & 8. les moyennes 2. & 4. qui seront proportion-
nelles.

I.	II.	III.	IIII.
1.	2.	4.	8.

ZETETIQVE XV.

DErechef, eſtant donnee la difference des extremes, & celle des moyennes de quatre continuellement proportionnelles ; trouuer les proportionnelles.

C'eſt le mieſme que de dire, eſtant donnée la difference des coſtez, & la difference des cubes, trouuer les coſtez ainſi qu'on cognoiſtra par la ſuitte.

Soit la difference des extremes donnée D , & la difference des moyennes B , il faut trouuer les proportionnelles.

Le rectangle ſoubz les moyennes ou extremes ſoit Ap, or le cube de la plus grande des moyennes eſt égal au ſolide faict de la plus grande extreme , & du rectangle ſoubz les extremes, & le cube de la moindre moyenne au ſolide faict de la moindre extreme par le rectangle ſous les extremes. C'eſt pourquoy D Ap, ſera egal à la difference des cubes des moyennes , mais ſi de la difference des cubes on oſte le cube de la difference des coſtez, le reſte ſera egal au triple du ſolide faict de la difference les coſtez par le rectangle ſous iceux, ainſi qu'il ſe void en la geneſe du cube faict par la difference des coſtez. Partant
$$^2\ \mathrm{D\,Ap} - \mathrm{B\,C} , \text{ ſera egal à 3. } \mathrm{B\,Ap}. \text{ l'equation}$$
eſtant ordonnée $\dfrac{\mathrm{B\,C}}{\mathrm{D}-3\mathrm{B}}$, ſera egal à Ap.

Mais eſtant donné le rectangle ſoubz les coſtez & la difference d'iceux, on donnera les coſtez.

Eſtant donc donnée la difference des extremes , &

celle des moyennes en l'ordre de quatre continuellement proportionnelles, on donnera les proportionnelles.

THEOREME.

Comme la difference des extremes, moins le triple de la difference des moyennes, à la difference des moyennes, ainsi le quarré de la difference des moyennes, au rectangle sous les moyennes, ou extremes.

Soit D7. B2. Ap, est vn rectangle faict soubz les extremes ,1. & 8. ou des moyennes 2. & 4. & les continuelles proportionnelles sont.

I.	II.	III.	IIII.
1.	2.	4.	8.

Au contraire si par la difference des extremes, & le rectangle on demandoit la difference des moyennes, comme si Ap estoit posé F p, & que B dont seroit question fust A, l'equation seroit telle $\dfrac{A\,C,}{D - 3\,A,}$ egal à F p, &

estant ordonnee $A\,C + Fp\,A$, est egal à $D\,F\,p$, c'est à dire, le cube de la difference des moyennes, plus le triple du solide faict du rectangle soubz les costez par la difference des moyennes est egal au solide faict du rectangle sous les moyennes ou extremes par la difference des extremes ce qui estoit digne de remarque.

SCHOLIE.

[a] Vallet n'a pas bien rencontré en ceste equation, ceste faute luy vient sinon de nature au moins

par couſtume, qu'il ayme mieux ſuiure les mots ſansles changer, & faillir que les changeant eui-ter les fautes; il euſt mieux faict de mettre
$D\,A\,p$ ——— $B\,C$, ſera egal à $3\,B\,A\,p$, que
$D\,A\,p$ ———. $D\,C$, ſera egal à $B\,A\,p$, ce ſont des fautesordinaires.

EN LIGNES.

Pour faciliter l'exegetique de ceZetetique, nous changerons l'analogie trouuée en ceſte ſorte : la difference des extremes ſoit D, celle des moyennes B, le rectangle ſoubz les coſtez $A\,p$; or pour autant que D ——— $3\,B$ eſt à B, comme $B\,q$ à $A\,p$, en changeant ayant quadruplé les conſequents $4\,B$, feront à $D - 3\,B$, comme $4\,A\,p$ à $B\,q$, & en compoſant $D + B$ ſera $D - 3\,B$, comme $4\,Aq + Bq$, à Bq. & en changeant $D - 3B$ eſt à $D + B$, ainſi Bq à $4\,Ap + Bq$: mais $4\,Ap + Bq$, ſont egaux au quarré de la ſomme des moyennes. Donc le quarré de la difference des moyennes, ſera au quarré de leur ſomme, comme la difference des extremes, moins le triple de la difference des moyennes à l'aggregé des differences des extremes & moyennes.

Soit donc la difference des extremes D, celle

des moyennes B, il faut trouuer les extremes. de D, ſoit retranché trois fois vne egale à B, & le reſte

ſoit A, en apres à D, ſoit adiouſté B, & la ſomme
ſoit C, & entre A & C, trouuée la moyenne pro-
portionnelle E, cela faict à A E, & B, eſtant trou-
uée la quatrieſme proportionnelles F, icelle ſera
la ſomme des moyennes, leſquelles ſeront diſtin-
guéespar le premier Zet. du premier.

Cela eſt facile à demonſtrer, à cauſe qu'il ce
voit au procede cy deſſus, que A, eſt à C, comme
le quarré de B, au quarré de la ſomme des mo-
yennes, or le quarré eſt au quarré en raiſon double
du coſté au coſté ; c'eſt pourquoy A, eſt à C, en
raiſon doublée de B, à la ſomme des moyennes;
mais Aeſt àC, auſſi en raiſon double de A à E, donc
la raiſon de A, à E, eſt egal à celle de B, à la ſomme
des extremes, or A, eſt à E comme, B à F, par-
tant B, ſera à F, comme la difference des moyen-
nes eſt à leur ſomme & par conſequent F, ſera la
ſomme des moyennes, ce qu'il failloit demonſtrer.

DETERMINATION.

Il conuient, affin que le Zetetique ſoit bien pro-
poſé, que le triple de la difference des moyennes
ſoit moindre que la difference des extremes.

ZETETIQVE XVI.

Derechef auſſi, Eſtant donnée la
ſomme des extremes, & celle des
moyennes de quatre continuellement pro-

portionnnelles; trouuer les continuellement proportionnelles.

C'est le mesme que de dire, estant donné la somme des costez, & celle des cubes; trouuer les costez, ce qui est euident par le procedé.

Soit donc Z, donnée pour la somme des extremes, & G pour celle des moyennes, en l'ordre de quatre continuellemēt proportionnelles, il faut trouuer les proportionnelles. le rectangle sous les moyennes ou extremes soit A p. or le cube de la plus grande des moyennes est egal au solide faict de la plus grande extreme par le rectangle soubz les extremes. Et le cube de la moindre moyenne, au solide faict de la moindre extreme par le rectangle souz les extremes; C'est pourquoy ZAp. sera egal a la somme des cubes des moyennes : Mais si du cube de la somme des costez, on oste la somme des cubes, le reste sera egal au triple du solide faict de la somme des costez par le rectangle souz iceux, ainsi qu'il ce voit en la genese du cube faict par la somme de deux costez.   Partant GC — ZAp, sera egal à 3 GAp. l'equation estant or-donnée $\dfrac{GC}{Z+3G}$ sera egal à Ap.

Mais estant donné le rectangle souz les costez & leur somme, on trouue les costez.

Donc estant donné la somme des extremes, & celles des moyennes de quatre continuellement proportionnelles, on trouuera les proportionnelles.

THEOREME.

COmme la sōme des extremes, moins le triple de la somme des moyennes, eſt à la ſomme des moyennes , ainſi le quarré de la ſomme des moyennes au re‑ ctangle ſoubs les moyennes ou extremes.

Soit Z9. G6. A plan eſt faict 8. rectangle faict ſouz les extremes 1. & 8. ou des moyennes 2. & 4.

Que ſi par la ſomme des extremes & du rectangle on faiſoit recherche de la ſomme des moyennes, en ſorte Ap fuſt ſuppoſé Bp : mais que la queſtion fuſt de G, poſé eſtre A. Lors l'equation viendroit ainſi AC ‑ 3BpA eſt egal à BpZ.

C'eſt à dire le cube de la ſomme des [c] moyennes, moins le triple du ſolide faict de la meſme ſomme par le rectangle ſouz les extremes ou moyennes ; eſt egal au ſolide de la ſomme des extremes , par le rectangle ſouz les moyennes ou extremes. Ce qu'il falloit remarquer.

SCHOLIE.

[a] Vaſſet à mis DC pour GC, à cauſe qu'il l'a‑ uoit trouué au latin, c'eſt en quoy ſe montre auoir eſté beaucoup plus ſçauant au latin qu'en la ſcience, dont traitoit le latin qu'il a traduit.

[b] Il a auſſi faict la meſme faute de DC, pour GC.

[c] Cela eſt inſuportable que ſur la fin & en ſuitte d'vne equation, de laquelle vn theoreme a eſté tiré il aye eſcrit, extremes, pour moyennes. S'il euſt pris garde à la conſtitution de l'equation, il euſt trouué que AC eſt le cube duquel il eſt parlé, & qu'eſtant celuy de la ſomme des moyennes, il le deuroit mettre, & non pas ſuiure l'erreur de l'im‑ preſſion latine.

EN

EN LIGNES.

Nous changerons l'analogie de ce Zetetique, ainsi que celle du precedent, en ceste sorte : B, est la somme des moyennes, D, celle des extremes, Ap, le rectangle soubz les moyennes ou extremes; partant ʒ B ⊢ D, est à D, comme β q à A p. en changeant & quadruplant les consequents 4 B q, sont à ʒ B ⊢ D, côme 4 A p à B q, par diuision D — B, est à ʒ B ⊢ D, comme B q — 4 A p. à B q : mais B q — 4 A p est egal au quarré de la difference des moyennes; donc en changeant comme ʒ B ⊢ D, sont a D — B, ainsi B q, au quarré de la difference des moyennes.

Faut venir à la composition qui se fera ainsi :

La somme des moyennes soit B. celle des extremes D; il faut trouuer les proportionnelles. Soit A la difference ou l'excés de D sur B, & C la composée de D & du triple de B. & entre A & C trouuée la moyenne proportiónelle E, cela fait aux trois lignes droites C, E, & B, soit trouuée F, quatriesme proportionnelle, & icelle sera la différéce des moyénes, desquelles la somme est B, & seront distinguées par le premier Zetetique, pr. li. pour les extremes, à cause que leur somme & le rectangle soubz icelles est cognu, sçauoir celuy des moyennes elles seront facilement cognuës par le 4. Zetetique du 2. liure.

Que F, soit la difference des moyennes, il est

euident : d'autant que C eſt à A, comme le quarré de
B, au quarré de la difference des moyennes : mais le
quarré eſt au quarré, en raiſon double du coſté au
coſté, & C, eſt à A, en raiſon double de C, à E,
donc C, ſera à E, comme B, à la difference des
moyennes : or C, eſt à E, comme B à F, donc F,
eſt la difference des moyennes. ce qu'il falloit mon-
ſtrer.

DETERMINATION.

Par le procedé precedent il eſt euident que la
ſomme des moyennes propoſées doibt eſtre moin-
dre que la ſomme des extremes.

Faut noter, que la determination de ce Zetet.
& celle du precedét à lieu, lors que les continuelle-
ment proportionnelles ſont dans l'inegalité & non
en l'egalité ; c'eſt pourquoy pour mieux les deter-
miner, on peut dire pour le Zetetique precedent,
qu'il faut que le triple de la difference des moyen-
nes, ne ſoit pas plus grand que la difference des
extremes. & en celuy-cy.

Que la ſomme des moyennes, ne ſoit point
plus grande que celle des extremes.

LE QVATRIESME
LIVRE DES ZETETIQVES.

ZETETIQVE I.

TRouuer deux nombres quarrés e-
gaux à vn nombre quarré.

Soit vn nombre quarré donné F quarré. il faut trou-
uer deux quarrez égaux à iceluy.

Soit faict vn triangle rectangle en nombre, duquel
l'hypotenuse soit Z, la base B, la perpendiculaire D. &
soit faict vn triangle semblable à iceluy, ayant son hypo-
tenuse F, en faisant comme Z, à F ainsi B, à quelque
base; laquelle sera $\frac{B\,F}{Z}$, & derechef comme Z, à F, ainsi
D à la perpendiculaire, laquelle sera $\frac{D\,F}{Z}$. Partant les
quarrez de $\frac{B\,F}{Z}$ & $\frac{D\,F}{Z}$ seront egaux à Fq. ce qui estoit
à faire.

Et c'est ou tend l'Analise de Diophante, selon laquelle il
faut diuiser Bq en deux autres quarcz, car le costé du pre-
mier quarré soit A, du second B —— $\frac{S\,A}{R}$, le quarré du pre-

mier costé est Aq, du second Bq — $\dfrac{2\,S\,A\,B}{R}$ + $\dfrac{Sq\,Aq}{Rq}$

lesquels deux quarrez, sont par consequent egaux à Bq.

En ordonnant l'equation $\dfrac{2\,S\,R\,B}{Sq + Rq}$ seront egaux à A, costé du premier quarré des particulieres. Et le costé du second est faict $\dfrac{Sq\,B = R\,q\,B}{Sq + Rq}$; Et certes on fait en nõbre vn triangle rectangle des deux costez, S & R, & l'hypotenuse est faicte semblable à Sq+Rq. La base à Sq = Rq. La perpendiculaire à 2 S R *. C'est pourquoy pour diuiser Bq, il faut faire comme Sq+Rq à B l'hypotenuse d'vn triangle semblable, ainsi S q = R q, à la base, vn des costez d'vn des quarrez particuliers, & ainsi 2 S R à la perpendiculaire, costé de lautre.

Soit B 100. au quarré duquel il en faut trouuer deux autres egaux. & soit faict vn triangle rectangle en nombre de S 4, R 3, le triangle est faict tel que l'hypotenuse est 25, la base 7, la perpendiculaire 24. c'est pourquoy on fera comme 25 à 7, ainsi 100 à 28. & comme 25 à 24, ainsi 100 à 96. donc le quarré de 100 sera egal au quarré de 28 plus le quarré de 96.

SCHOLIE.

*   Vasset contre l'aduis de celuy qui a publié sa deffence a changé le texte de l'autheur en ce lieu, & voyez comme il exprime sa conception, doncques pour separer B quarré en deux autres quarrez, il faut faire comme S q + R q à S q — R q ainsi l'hypotenuse du triangle à la base, qui sert de costé, à l'vn des quarrez, & comme S q — R q. à S par 2 R, ainsi la base du triangle semblable au perpendicule qui sert de costé à l'autre des quarrez.

Mon opinion eſt qu'il faut mettre comme, Sq +
Rq, à Sq = Rq, ainſi B, &c. afin d'euiter la com-
paraiſon des hetereogenes.

ZETETIQVE II.

Trouuer en nombre deux quarrez
egaux à deux autres quarrez don-
nez.

Soient donnez en nombre deux quarrez B q & D q.
il faut trouuer deux autres quarrez egaux à iceux.

Soient B ſupoſé la baſe d'vn triangle rectangle, D
la perpendiculaire, c'eſt pourquoy le quarré de l'hypotenu-
ſe eſt egal à B q + D q, ſoit icelle hypotenuſe Z, ce ſté ra-
tionnel ou irationnel. & ſoit ſupoſé vn autre triangle re-
ctangle en nombre duquel l'hypotenuſe ſoit X, la baſe F,
la perpendiculaire G. & de ces deux conſtitué vn troi-
ſieſme triangle par le ſynæreſe ou diæreſe, comme il eſt
enſeigné dans les notes premieres. par la premiere me-
thode l'hypotenuſe ſera ſemblable à Z X, la perpendi-
culaire ſemblable à B G + D F, la baſe ſemblable à
B F = D G ; par la ſeconde l'hypotenuſe eſt faicte ſem-
blable à Z X. la perpendiculaire à B G = D F, la baſe
à B F † D G. & tous ces plans faicts par les coſtez des
triangles ſupoſez, ſoient appliquez à X, donc l'hypote-
nuſe Z demeurant, la baſe eſt faicte $\dfrac{B F = D G}{X}$, la per-

pendiculaire $\dfrac{B G + D F}{X}$, par la premiere methode. &

par la ſeconde la baſe eſt faicte $\dfrac{B F + D G}{X}$, la perpendi-
culaire $\dfrac{B G = D F}{X}$,

Partant les deux quarrez de ces coſtez contenant l'angle droict ſeront egaux au quarré de l'hypotenuſe Z, auquel auſſi eſt egal par la conſtruction $Bq+Dq$, ce qui eſtoit à faire.

Et c'eſt la fin de l'Analiſe de Diophante, ſelon laquelle il conuient diuiſer Zq, ou plan deſia diuiſé en deux quarrez, ſçauoir Bq & Dq. de rechef en deux autres quarrez.

Le coſté du premier quarré à trouuer ſoit $A+B$, du ſecond $\dfrac{SA}{R}-D$ ſoient faicts leurs quarrez, & comparez auec les deux quarrez donnez. $Aq+2BA+Bq+\dfrac{SqAq}{Rq}-\dfrac{2SDA}{R}+Dq$ ſeront egaux à $Bq+Dq$.

Laquelle equation eſtant ordonnée $\dfrac{2RSD-2RqB}{Sq+Rq}$ ſera egal à A. donc le coſté du premier quarré conſtitué lequel eſtoit $A+B$, eſt faict $\dfrac{2RSD+SqB-RqB}{Sq+Rq}$. Le coſté du 2, lequel eſtoit $\dfrac{SA}{R}-D$, eſt fait $\dfrac{SqD-2SRB-RqD}{Sq+Rq}$.

Ce qui eſtant bien conſideré, on trouuera qu'il y a deux triangles conſtituez, le premier duquel l'hypotenuſe rationnelle ou irrationnelle eſt Z, la baſe B, la perpendiculaire D. Le ſecond eſt faict des deux S & R, duquel par conſequent l'hypotenuſe eſt faicte ſemblable à $Sq+Rq$, la baſe à $Sq=Rq$, la perpendiculaire $2SR$, & que de ces deux a eſté compoſé le troiſiéme par le diæreſe, & les ſolides ſemblables faicts par les coſtez appliquez à $Sq+Rq$. dequoy il s'enſuit que Z, eſt vne hypotenuſe commune tant au premier qu'au troiſieſme triangle; c'eſt pour quoy les quarrez des coſtez d'autour l'angle droit du premier ſont egaux aux quarrez des coſtez d'autour l'angle *droit du troisieme.*

Que si le costé du premier quarré est posée A —— B, *du second* $\dfrac{SA--D}{R}$, $\dfrac{2SRD + 2RqB}{Sq + Rq.}$ *sont egaux à* A. *& le costé du premier quarré requis est faict* $\dfrac{2SRD - SqB + RqB}{Sq + Rq}$ *du second* [b] $\dfrac{2SRD + SqD - RqD}{Sq + Rq}$ *ce qui est auoir faict vn triangle par la methode exposee du synærese.*

Soit B 15, D 10, *Dequoy vient que* Z *est faict* V 325. *soit exposé vn triangle rectangle en nombre,* 5, 3, 4. *l'vn des costez requis est* 18, *l'autre* 1, *ou l'vn* 6, *& l'autre* 17.

SCHOLIE.

[a] Sy Vasset n'eust point tant esté pressé, ie croy qu'il eust mis en son errata qu'il faut changer en sa version $\dfrac{Sq\ par\ Aq - S\ par\ D}{R}$, *par* 2 A *en* $\dfrac{Sq,\ Aq --2SDA}{Rq\ S}$

[b] Mais pour celle cy, le loisir ne luy eust pas faict cognoistre, car il n'a faict que ce qu'il a trouué dans le latin, soit-bien, soit mal ; & au lieu de $\dfrac{2SRD + SqD - RqD}{Sq + Rq}$, qu'il faut lire, il à mis $\dfrac{2SRD + RqD - RqD}{Sq + Rq}$

L'autheur appelle synærese quand de deux triangles rectangles on en constituë vn autre duquel, l'hypotenuse soit semblable, au plan faict soubz les hypotenuses du premier & second, la base semblable à la difference du rectangle des bases, à celuy des proportionnelles & la perpendiculaire à la somme des rectangles des perpendiculaires & bases alternement prises, à cause que ce troisiéme triangle à l'angle aigu (cela s'entend celuy qui eſt oppoſé à la perpendiculaire) egal à l'aggregé des deux aigus des autres triangles, le diæreſe au contraire : qu'vn triangle ainſi deduict de deux autres ſoit ſemblable à vn triangle rectangle ayant l'angle aigu egal à la ſomme des angles aigus des deux autres cela ſera monſtré ainſi.

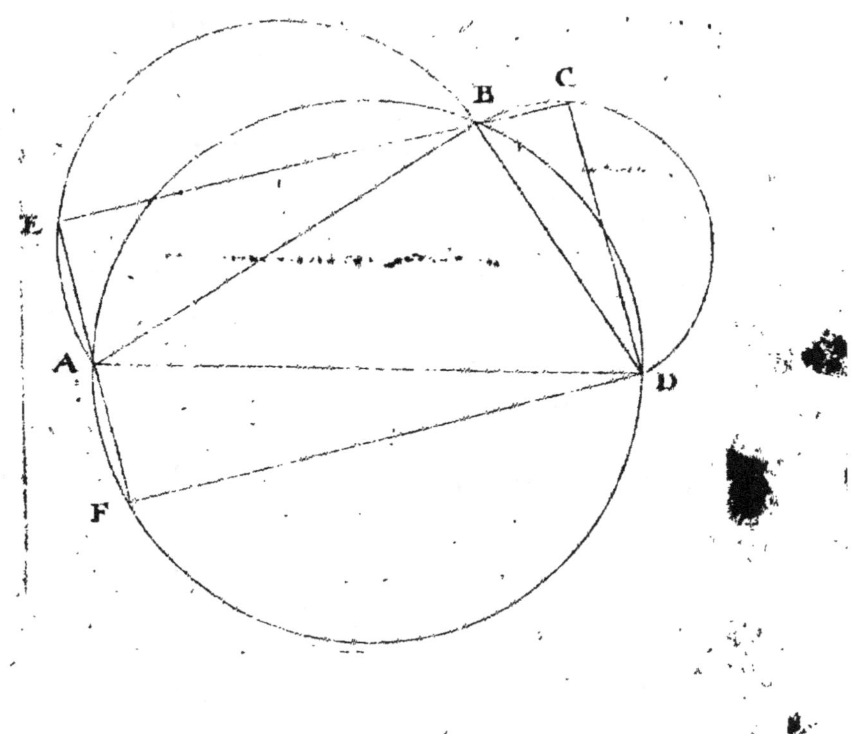

Soient deux triangles rectangles DCB, DBA, deſquels les hypotenuſes ſoient D B, D A. les baſes, D C, D B, les perpendiculaires CB, BA, ie dis que le triangle rectangle DFA, ayant l'hypotenuſe DA, la baſe F A, la perpendiculaire DF, & l'angle au poinct A, egal à la ſomme des deux angles aigus, des deux autres triangles CDB, DBA

DBA, eſt deduict par le ſinæreſe ainſi qu'il eſt cy
deſſus expoſé.

Auparauant que de demonſtrer cela, nous prou-
uerons l'angle DAF, egal aux deux CDB, BDA,
ce qui eſt facile à cauſe que tous deux enſembl.,
font l'angle CDA, & que les lignes CD, EF ſont
parallcles comme eſtant toute deux perpendiculai-
res ſur EC, & eſtant coupez par AD, l'angle
DAF eſt egal à ADC, par la 29ᵉ. prop. du pᵉ. d'Eu.
partant les angles BDC, BDA, enſembles e-
gaux à DAF.

Maintenant nous viendrons à la demonſtration
du propoſé ainſi DF, & CE, ſont egalles pareille-
ment DC, FE, & les triangles DCB, BEA e-
quiangles, & la difference du rectangle des baſes
DB, DC, au rectangle des perpendiculaires
CB, BA, c'eſt à dire DB, AE, eſt le rectangle de
DB, AF, qui eſt au rectangle DB, AB, comme
FA, baſe à DA, hypotenuſe

Item la ſomme des rectangles de la baſe DB,
par la perpendiculaire BC, & du rectangle DC, BA,
c'eſt à dire DB, BE, eſt le rectangle DB, CE,
qui eſt au rectangle ſoubz les hypotenuſes DB, FA,
comme CE c'eſt à dire DF, à l'hypotenuſe DA.
partant le triangle deduit comme deſſus ſera ſem-
blable au triangle DFA, lequel à l'angle aigu des
conditions demandées pour le ſinæreſe.

Le diæreſe eſt lors qu'vn triágle à l'angle aigu egal
à la differéce entre les angles aigus des deux triágles
deſquels eſt conſtitué des deux au contraire du
ſinæreſe, eſt à dire en prenant la ſomme de ce que
l'on a pris la difference, & prenant la difference de
ce qu'on a aſſemblé, cela eſt en la même figure pre-

cedente, en laquelle le triangle ADF, à l'angle au poinct D, egal à la difference entre l'angle BAD, & EBA, à cause que les angles EAB, BAD, DAF, sont egaux à deux droits, comme aussi EAB, EBA, DAF, ADF, oftant de chofes egales, chofes egales, reftera l'angle BAD, egal à l'angle EBA, auec ADF, lequel ADF, excedera EBA, de l'angle ADF, difference entre l'angle BAD, du triangle DAB, & l'angle ABE, du triangle rectangle ABE; c'eft pourquoy ie dis que le triangle rectangle DFA, fera deduit des deux ABE, ABD, comme il a efté dit.

Car les perpendiculaires font DB, AE, FA; les bafes BE, BA, DF, & les hypotenufes DA, BA.

Or le rectangle fous les bafes eft ABE, qui adioufté au rectangle foubz les perpendiculaires AE, BD, c'eft à dire ABC, faict le rectangle AB, CE, c'eft à dire AB, DF; & partant comme la fomme de ces rectangles eft au rectangle BAD, ainfi DF, bafe du troifiéme à fon hypotenufe DA.

En apres la difference des rectangles foubz les perpendiculaires & bafe alternement, fçauoir BAE, & EBD, c'eft à dire DC, BA, qui eft le rectangle de BAF, (à caufe que EF eft egale à DC.) eft au rectangle BAD, comme FA, à DA, donc le triangle DFA, fera femblable à celuy qui fera deduit des deux autres par la methode diæretique ce qu'il failloit monftrer.

La mefme chofe fera monftrée, encore que les triangles fuffét pofés auoir les coftez tous inegaux comme nous ferons plus amplement veoir au traicté de la fection des angles que nous efperons mettre en bref en lumiere.

ZETETIQVE III.

Erechef, trouuer en nombre deux quarrez egaux à deux autres quarrez donnés.

Soient les deux quarrez donnez, B q & D q. il faut trouuer deux autres quarrez egaux à iceux, soit supposé vn triangle rectangle en nombre duquel l'hypotenuse soit B. derechef soit faict vn autre triangle semblable au premier ayant l'hypotenuse D, & de ces deux triangles semblables soit faict vn troisiesme triangle, le quarré de l'hypotenuse duquel soit egal au quarré de l'hypotenuse du premier & second, par la methode exposée aux notes: donc le quarré de l'hypotenuse du troisiesme sera egal à B q + D q. lesquels quarrez seront aussi egaux aux quarrez des costez d'alentour l'angle droit du triangle deduit, & ceste methode est aussi tirée de l'analise de Diophante cy deuant expliquée.

Soit B 10, D 15, on constituera les costez d'alentour l'angle droit, du premier triangle 8 & 6. du second semblable au premier, 12, & 9, les costez d'alentour l'angle droit du troisiesme seront 18 & 1, ou 6, & 17. les quarrez des deux premiers ou des deux derniers seront egaux aux quarrez de 10, & 15.

SCHOLIE.

La methode de constituer ce troisiéme triangle est en adioustant la perpendiculaire du premier auec la base du second, & prenant la difference de la base du premier à la perpendiculaire du second.

que cela face vn triangle rectangle duquel le quar-
ré de l'hypotenuse soit egal à la somme des quarrez
des hypotenuses des triangles semblables. Il est eui-
dent par la precedéte figure en laquelle les triagles
semblables sont A B E, B D C & le triangle deduit
d'iceux DAF ayant le costé DF egal à CE composé
de la perpendiculaire du premier & base du se-
cond, la base F A, qui est la difference entre la base
du premier E A, & la perpendiculaire du second
D C, & son hypotenuse est D A, de laquelle le
quarré est egal aux deux quarrez de A B, & D B, à
cause que D B A, est vn triangle rectangle.

ZETETIQVE IIII.

T Rouuer deux triangles rectangles semblables ayans les hypotenuses données, en sorte que la base d'vn troisié-me triangle deduict d'iceux composée de la perpendiculaire du premier ꝰ de la base du deuxiéme soit donnée.

Il faut que la base donnée excede l'hypo-tenuse du premier. a

soit l'hypotenuse du premier triangle donnée B, celle du deuxiesme semblable au premier D. il faut d'iceux deduire vn troisiesme triangle, duquel la base soit egale

à N , composée de la perpendiculaire du premier & base
du second. B quarré + D quarré — Nq soit egal à
Mq. donc la perpendiculaire du triangle deduit sera M.
Mais soit la base du premier A, donc la base du deuxies-
me semblable sera DA. Pour-autant que B est à D,
$$\frac{DA}{B}$$
comme A base du premier, à la base du deuxiesme:
& que le rectangle des moyennes D & A , appli-
qué sur l'vne des extremes B engendre l'autre, sça-
uoir la base du deuxiesme. Partant la perpendiculaire
du premier sera N — DA, & celle du deuxiesme sera ou
$$\frac{DA}{B}$$
A + M. Sy la base du premier est moindre qu'i-
celle ou A — M, si elle est moindre que la mesme
base du premier: D'autant que M est la difference entre
la base du premier & la perpendiculaire du deuxiesme:
Comme estant icelle posée egale à la perpendicu-
laire du troisiesme. soit pour le premier cas A + M,
donc comme B sera à D, ainsi NB — DA à A + M.
$$\frac{NB - DA}{B}$$
& ceste analogie estant resolue $\dfrac{DNB - BMB}{Bq + Dq}$ est faict
egal à A.

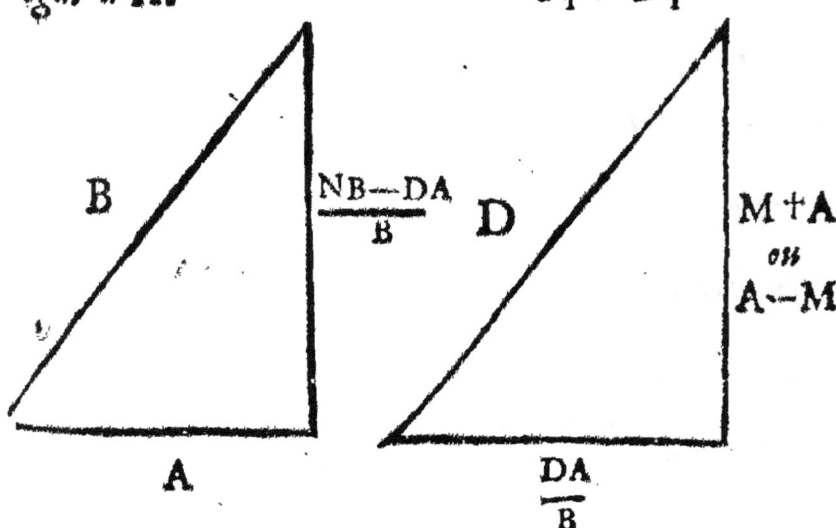

L'equation estant reuoquée ou conuertie en analogie, $Bq + Dq$ *est à* $DN - BM$, *ainsi* B *à* A,

Partant la base semblable à la base des triangles semblables est $DN - BM$, & l'hypotenuse $Bq + Dq$, semblable à l'hypotenuse d'iceux.

Pour le second cas, soit la perpendiculaire du deuxiesme $A - M$, *donc* B *sera à* D *comme* $\dfrac{NB - DA}{B}$ *à* $A - M$, *laquelle analogie estant resoluë,* le produict des extremes $BA - BM$ est egal au produict des moyens $\dfrac{DNB - DqA}{B}$ & cette equation par la multiplication des parties, par B en $DNB - DqA$ egal à $BqA - BMB$, puis par l'antithese ou transposition soubs signes contraires de BMB, & DqA en $DNB + BMB$ egal a $BqA + DqA$, & $DNB + BMB$ estant appliqué à $Bq + Dq$, $\dfrac{DNB + BMB}{Bq + Dq}$ *est fait egal à* A.

Ou ceste egalité estant reuoquée en analogie $Bq + Dq$ *est à* $DN + BM$ *comme* B *à* A. Partant $Bq + Dq$ est l'hypotenuse semblable à l'hypotenuse des triangles semblables, & $DN + BM$ base semblable à la base d'iceux.

Donc les deux triangles requis sont entr'eux ainsi.

AV PREMIER CAS.

Le premier est faict.

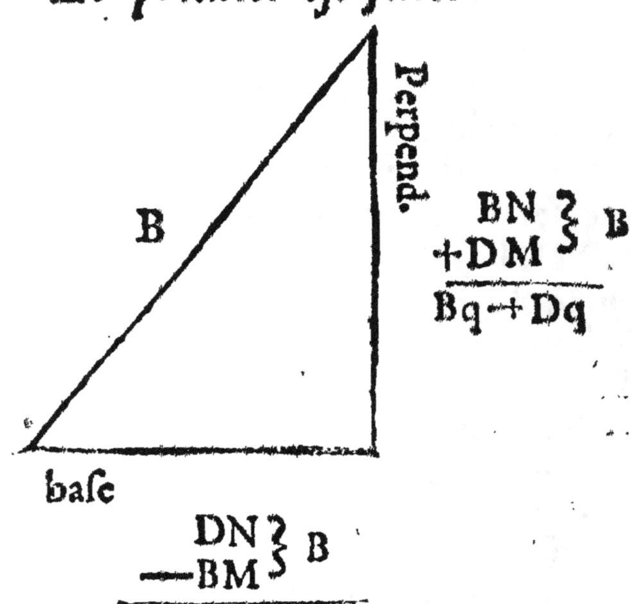

Le second.

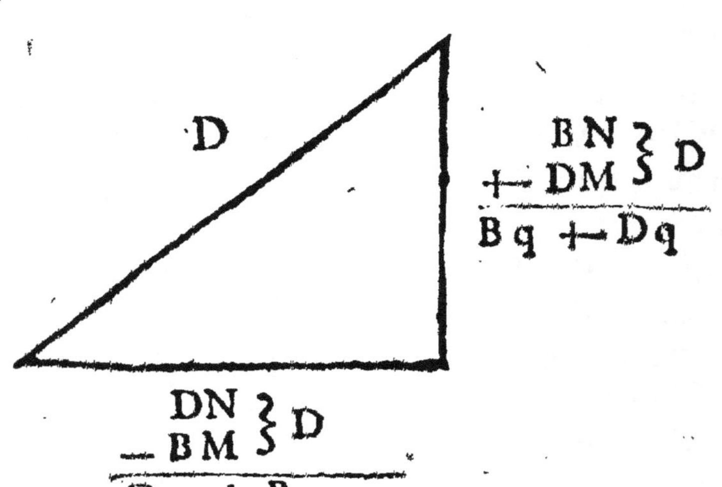

Et le troisiéme.

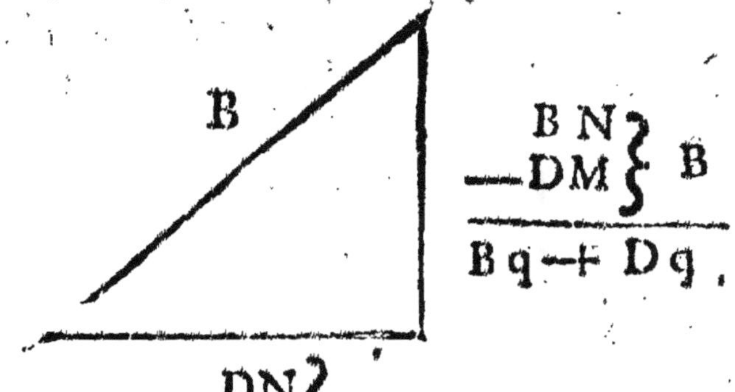

AV DEVXIESME CAS.

Le premier est faict.

Le second.

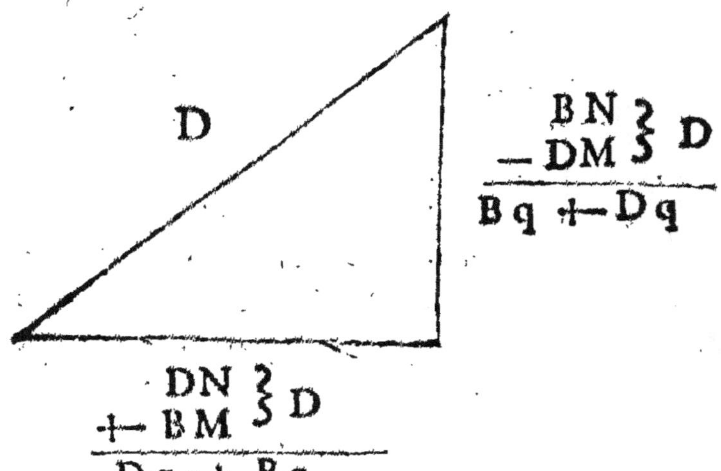

Et le troisiéme.

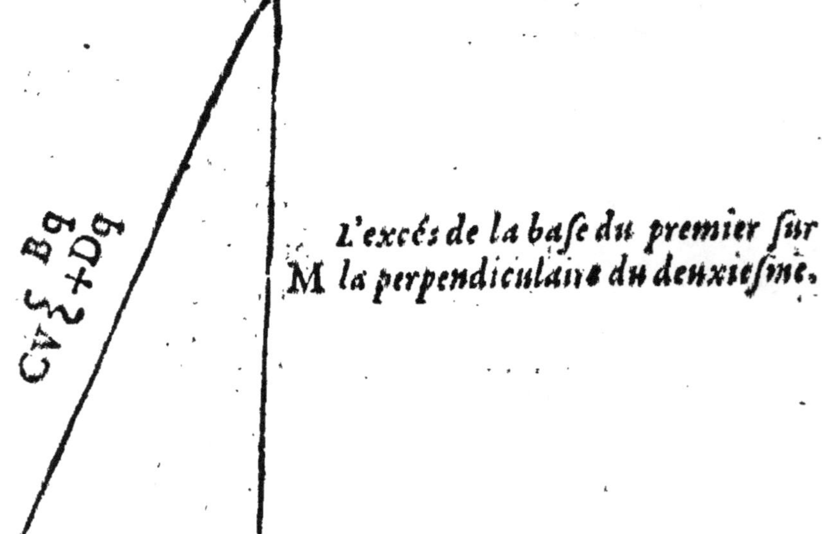

L'excés de la base du premier sur la perpendiculaire du deuxiesme.

Composé de la perpendiculaire du premier & base du deuxiesme.

T

Il est euident, cecy auoir seulement lieu au premier cas, lors que DN, excede BM. Car si BM, estoit maieur que DN, alors la base semblable seroit notee par moins; & par consequent de nulle quantité au respect de l'hypotenuse semblable qui est Bq $+$ Dq: *mais au deuxieme quand BN, est plus grand que DM.* pour la mesme raison, d'autant que la perpendiculaire semblable est BN $-$ DM. & afin qu'icelle soit notée par le signe plus, il faut que BN, auquel ce signe appartient excede DM, puisque DM, doibt estre souftrait de BN.

SCHOLIE.

Ce Zetetique en ce que l'autheur prescrit l'hypotenuse du premier triangle des semblables, estre moindre que la base du 3.e donnée n'est pas general, sinon seulemét pour le premier cas, car pour le deuxieme il faut qu'icelle base donnée, soit plus grande que l'hypotenuse du deuxieme triangle des semblables, qu'il soit necessaire au premier cas que la base donnée excede l'hypotenuse du premier, au deuxieme cas celle du deuxieme; il est tres-facile à demontrer par la seule preparation à la solution de ce Zetetique en ceste sorte; au premier cas, la perpendiculaire du deuxieme triangle semblable estant A $+$ M, elle est egale à la base du premier & à la perpendiculaire du troisieme deduit des semblables; & partant la perpendiculaire du deuxieme majeure que celle du troisieme; laquelle perpendiculaire du troisieme, sera aussi moindre que l'hypotenuse D, du deuxieme des triangles semblables, puisque l'hypotenuse D, est plus grande que A $+$ M : or est il que l'hypotenuse du troisieme triangle faict son quarré egal à l'aggregé des quarrez de B & D, par la deduction d'iceluy ; auquel quarré est aussi egal, l'aggregé des quarrez de N & M ; parquoy les deux quarrez N q & M q, sont egaux ensemble aux deux quarrez B q, D q, ensemble : mais le quarré de D, est majeur que le quarré de M comme estant M, moindre que D ; partant le quarré de N, restant sera majeur que le quarré de B, & par consequent N, base du troisieme triangle deduit des deux semblables majeure que B, hypotenuse du premier des semblables.

Au deuxieme cas, d'autant que la perpendiculaire du deuxieme triangle est posée moindre que la base du premier, & que la base du troisieme deduict d'iceux triangles, est la difference entre icelle base du premier & la perpendiculaire du deuxieme, icelle perpendiculaire du troisieme M, sera moindre que la base du premier triangle posée A, & par consequent aussi que l'hypotenuse B, d'icelluy premier triangle des semblables. Item le quarré de l'hypotenuse du troisieme est faict egal à l'aggregé des quarrez des hypotenuses du premier & deuxiesme triangle B & D, auquel est aussi egal, l'aggregé des quarrez de N & M ; maintenant si des grandeurs egales qui sont l'aggregé des quarrez de B & D & l'aggregé des quarrez de N & M ; sont ostées choses inegales les reste seront inegaux, & celuy la majeur qui sera resté de la moindre quantité ostée ; partant si des quarrez B q, D q, l'on oste le quarré de B, & des quarrés N q, M q, le quarré de M, le reste D q, quarrés de l'hypotenuse du deuxieme triangle des semblables, sera moindre que le reste N q, quarré de la base du troisieme tri-

angle puis que Mq, est prouuée moindre que Bq,
& par consequent N , base du troisieme triangle
deduict des deux autres semblables entr'eux ma-
jeuré que CD hypotenuse du deuxieme, ce qu'il
failloit demonstrer.

Exegetique du present Zetetique,

EN LIGNES.

Bien que l'autheur n'aye mis en auant ce Zeteti-
que, sinon pour faciliter la solution du suiuant, &
qu'il n'en aye donné nul exemple en nombre, ne-
antmoings ie n'ay voulu passer l'exegetique du re-
quis en iceluy sans le donner en passant, il sera tel.

Soient AB , BD , les deux hypotenuses des tri-
angles semblables requis, & la base du triangle de-
duit d'iceux composée de la perpendiculaire du pre-
mier, & de la base du secōd FD: il faut faire le requis.

Soient disposez AB, BD, à angles droits au
poinct B, puis tirer la ligne AD, descriuant autour
du triangle ABD, le cercle FABD, cela faict du
poinct D, soit appliquée DF, base du 3ᵉ. triangle
dans le cercle FABD ; en apres sur AB, & BD, soi-
ent descripts deux demy cercles AEB, BCD, &
tirée la ligne FA, iusques à ce qu'elle couppe le
cercle AEB, en E, duquel poinct par le poinct B,
menant la ligne droicte EB, coupant la circonfe-
rence du cercle BCD, en C, tirant CD, les triangles
semblables requis seront AEB, BCD, & le 3ᵉ. de-
duit des deux AFD.

Car le triangle ABD ayant l'angle B droit, ABD,
AFD seront demy cercles & l'angle DFA ,droit pa-
reillement AEB, BCD, seront droits ;& partant EF,

CD, paralleles comme aussi EC, FD, par conse-
quent l'angle FDC aussi droit. Et les lignes FD,
EC, egales, de mesme EF, & CD. maintenant les
triangles AEB, BCD, sont rectangles ayant les an-
gles aux poincts E, & C, droicts, les angles EBA,
ABD, DBC, estant egaux à deux droicts, & l'angle
ABD droict, les deux ABE, DBC, seront egaux
à vn droit : mais les angles CBD, BDC, sont aussi
egaux à vn droit, & partant egaux à iceux, donc
ostant choses egales, l'angle EBA, sera egal à BDC;
pareillemét EAB à CBE. partant les deux triangles
EBA, BDC, seront equiangles, & le costé AE, est
à EB, comme BC à CD; or la ligne EC, est egal-
le à FD, base du troisiéme triangle composée
de la perpendiculaire du premier auec la base du
deuxieme & la perpendiculaire AF, egale à la dif-
ference entre la base du premier & la perpendicu-
laire du deuxiéme, le triangle AFD sera donc le re-
quis : ce qu'il falloit montrer.

COROLLAIRE.

De la s'ensuit que quand de deux triangles sem-
blables, on en deduit vn troisieme, en sorte que la
perpendiculaire du premier, auec la base du deuxie-
me, soit egale à la base du troisieme, & la difference
entre la base du premier & perpendiculaire du deu-
xieme à la perpendiculaire du mesme troisieme, la
perpendiculaire AE, estant moindre que la base du
premier CD, la somme de l'angle aigu du troi-
sieme triangle auec celuy d'vn des semblables com-
me EBA, est egale à l'angle BAD, qui est l'angle
aigu d'vn triangle rectangle ayant pour perpendi-
culaire l'hypotenuse du premier triangle & pour
base celle du deuxieme.

Et ſi A F, eſt poſée baſe du 3. triangle, & FD perpen.
& la perpend. du triangle ABD, l'hypotenuſe du pᵣ
poſé eſtre AEB, l'ágle aigu ADB, auec le reſtât à l'an-
gle aigu d'vn des triangles ſemblables comme BDC
eſt egal à l'angle aigu du 3. triangle, ainſi qu'il a eſté
monſtré ſur le quatrieme Zetet. de ce liure.

DETERMINATION.

Pour determiner ce Zetetique, faut ſçauoir
qu'il peut receuoir 2. cas, ainſi que l'autheur l'a fort
bien remarqué: le premier quand la baſe du premier
triangle eſt moindre que la perpendiculaire du ſe-
cond : le deuxieme au contraire, lorsque la baſe du
premier triangle eſt maieure que la perpendiculai-
re du deuxieme: au premier cas, le premier triangle
ſera B E A, le deuxieme BCD, & par conſequent
il eſt euident que l'hypotenuſe AB, doibt eſtre moin-
dre que la baſe du troiſieme triangle F D, puis que
comme il a eſté cy deuant monſtré l'angle BAD,
eſt plus grand que l'angle ADF; car l'arc BD, ſera
plus grand que l'arc F A, leſquels oſtez chacun
d'vn demy cercle, l'arc FD, ſera plus grand que l'arc
BA, & par conſequent FD, baſe du troiſieme tri-
angle plus grande que AB hypotenuſe du premier,
ſoit que la meſme baſe ſoit plus grande ou moindre
que l'hypotenuſe du deuxieme triangle.

Au ſecond cas B C D, ſera le premier triangle
BC, ſa perpendiculaire; & partant comme il a eſté
montré, il faut que la baſe du troiſieme ſoit plus
grande que l'hypotenuſe du deuxieme ſoit que la
meſme baſe ſoit plus grande ou moindre que l'hy-
potenuſe du premier.

ZETETIQVE V.

TRouuer deux quarrez en nombre e-
gaux à deux quarrez, & que l'vn
des requis consiste entre des limites assi-
gnez.

Soient les quarrez donnez Bq, & Dq, il faut con-
stituer deux autres quarrez egaux à iceux, l'vn desquelz
excede F, plan, mais qu'il soit moindre que G plan.

Soit entendu Zq. ou Z, plan estre egal à Bq —+ Dq.
donc Z, est l'hypotenuse ratiõnelle ou irationnelle d'vn tri-
angle rectangle duquel les costés d'autour de l'angle droit
sont B & D. l'on demande vn autre triangle rectangle,
duquel l'hypotenuse soit Z, & l'vn des costez qui com-
prennent l'angle droict (soit la base) soit majeur que N,
mais mineur que Sq.

Donc la chose est ainsi reduite.

Soient trouuez deux triangles rectangles semblables
en nombre, ayant leurs hypotenuses B & D données, en
sorte que la base d'vn troisieme triangle deduict d'iceux,
composée de la perpendiculaire du premier, & base du
deuxieme consiste entre des limites presinis.

Parquoy Zq —Nq, soit egal à Mq. & Zq—Sq
egal à Rq.

Sy donc N, est posée base d'vn troisiéme triangle de-
duit de deux triangles semblables ayant les hypotenuses
données, par le premier cas du Zetetique precedent la
raison de la difference de la base & hypotenuse, a la per-
pendiculaire sera comme Zq —DN —+— BM, à

BN +— DM, *ou comme* X, *a* $\left\{ \dfrac{X\,BN +— X\,DM}{Zq = DN +— BM.} \right\}$

lequel est le premier limite.

ET si S, *est establye base d'iceluy troisieme triangle, pour la mesme cause cy dessus dicte, la raison de la difference de la base & hypotenuse, à la perpendiculaire sera comme* Zq = DS +— BR *à* BS +— DR, *ou comme* X *à* $\left\{ \dfrac{X\,B\,S + X\,D\,R,}{Zq = D\,S +— B\,R} \right\}$ *lequel est le limite second.*

Donc estant posée X *pour la difference de la base & hypotenuse en la fiction de deux triangles semblables soit prinse quelque autre rationnelle, & soit* T, *consistant entre* $\left\{ \dfrac{X\,B\,N +— X\,D\,M}{Zq = DN\ \ BM} \right\}$ & $\left\{ \dfrac{X\,B\,S —+ X\,D\,B}{Zq = DS\ \ BR.} \right\}$ & *d'icelles deux racines* X & T *faict vn triangle rectangle, en nombre, auquel on trouuera deux autres triangles semblables, le premier ayant* B *pour hypotenuse, l'autre* D, & *de ces deux sera deduit vn troisieme, en sorte que la base d'iceluy soit composée de la perpendiculaire du premier & base du deuxieme, & icelle sera constituée entre* N & S, *selon la condition du zetetique.*

Soit B 1, D 3, N v 2, S v 3. Z, *est faict* v 10. M v 8. R v 7. X *estant posée* 1 T, *est esleu quelque nombre constant entre* $\dfrac{v\,9\,8.}{10 — v\,2.}$ & $\dfrac{v\,63 \dagger\,v\,3}{10 — v\,27 + v\,7}$ *soit iceluy* $\dfrac{5}{4}$: *dõc de* 1 & $\dfrac{5}{4}$. *ou de* 4 & 5. *l'on construira vn triangle, puis seront formez deux autres triangles semblables à iceluy, ayans les hypotenuses données* 1 & 3. & *la base du troisieme deduit d'iceux composé de la perpendiculaire du premier & base du deuxieme est faite* $\dfrac{6\ 7.}{41.}$ *le quarré de laquelle est* $\dfrac{4489.}{1681.}$ *maieur que* 2, *mais moindre que* 3. *la perpendiculaire seront*

ra $\underline{\text{III}}$ le quarré de laquelle sera $\underline{\text{12311}}$ lesquels deux
41. $\hspace{3cm}$ 1681.

quarrez valent 10. comme les quarrez de 1 & 3.

Triangle faict de X & T, c'est à dire 5, & 4.

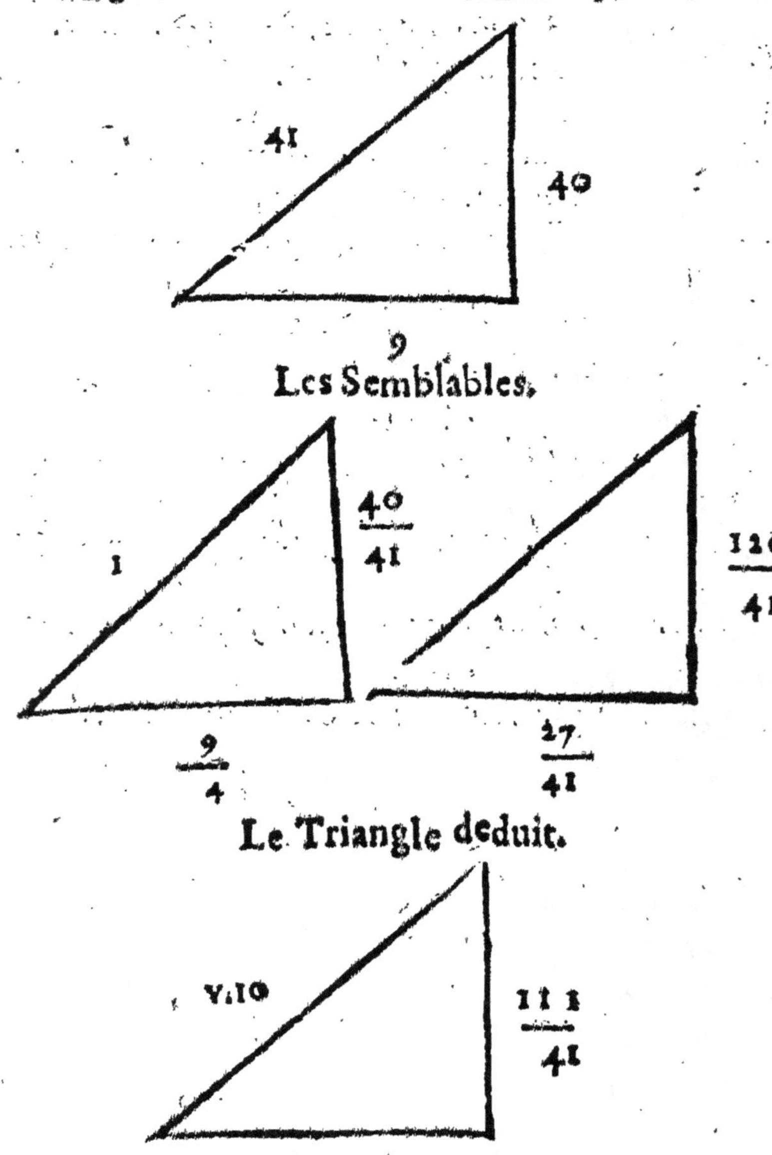

AVTRE EXEMPLE.

Soit B 2, D 3, N v 6, S v 7. Z, est faicte v 13. M v 7.
R v 6. & X, estant posée 1, & T esteu quelque nombre
consistant entre $\underline{v24 - + v63}$, & $\underline{v28 + - v54}$. soit $\underline{6.}$ donc
$\underline{13 + - v28 - v54. 13 - + v24 - v63.}$ $\underline{5.}$
l'on construira vn triangle de 1 & $\underline{6.}$ ou de 5, & 6, 8,
$\underline{5.}$

puis seront faits deux autres triangles semblables à iceluy
ayant les hypotenuses données 2 & 3, & la base du troi-
sieme triangle deduit, d'iceux est faicte $\underline{153,}$ compo-
$\underline{61.}$

sée de la perpendiculaire du premier & base du second,
le quarré d'icelle est $\underline{23340}$ d maieur que 6. c'est à dire
$\underline{3721.}$
$\underline{22316.}$ mais moindre que 7 c'est à dire $\underline{26047}$, la perpen-
$\underline{3721.}\underline{3721.}$
diculaire est 158 le quarré de laquelle est $\underline{24964.}$ lesquels
$\underline{61.}\underline{3721.}$
deux quarrez valent $\underline{45373.}$ ou 13. ainsi que les quarrez de
2 & 3. $\underline{3721.}$

Triangle faict de X & T ou 6 & 5.

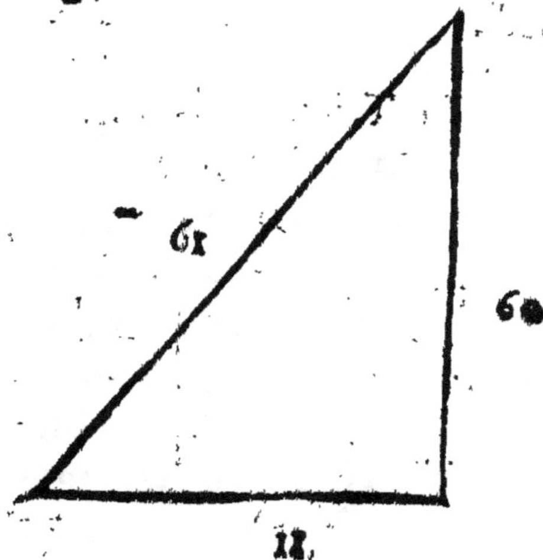

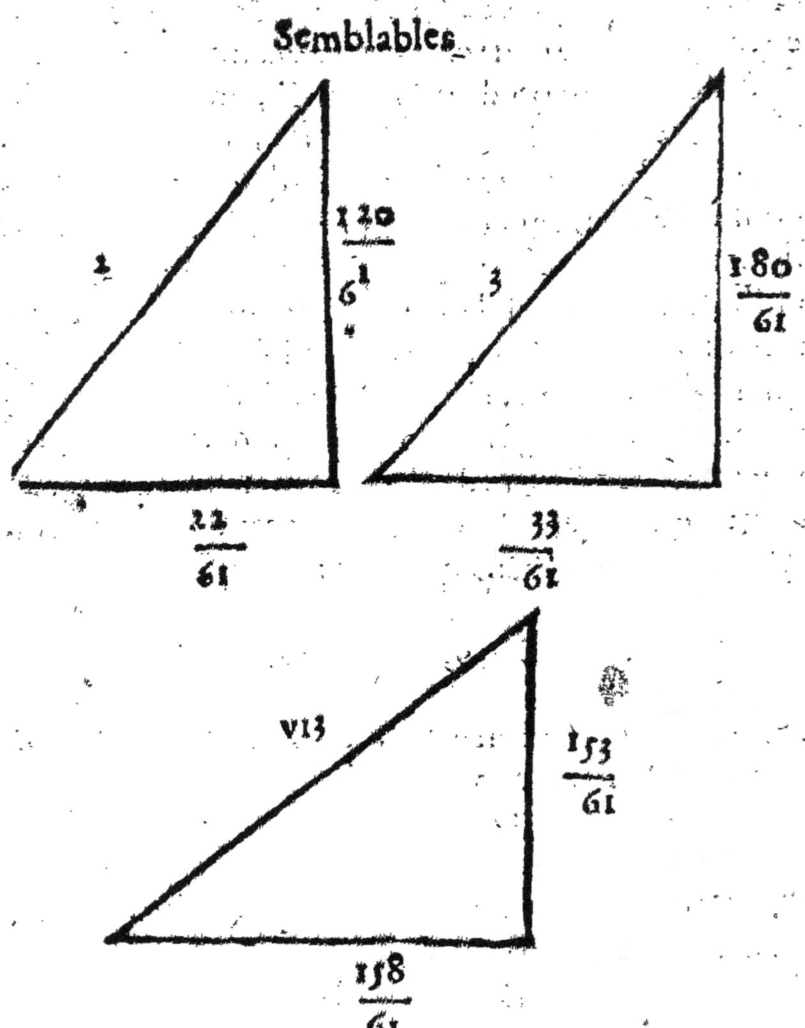

SCHOLIE.

* Il sembleroit de prime face que les lettres F & G,
significatiues des limitées entre lesquels doibt
tomber l'vn des quarrez requis euſſent eſté chan-
gées ſans raiſon, puis qu'il pouuoit auſſi toſt eſtre
dit le coſté de F p, & G p, eſtre les limites entre leſ-
quels doibt tomber la baſe du triangle requis ayant
l'hypotenuſe egale à Z, que de les poſer eſtre N,

& S, veu auſſi qu'iceux plans de F & G, pouuoient
eſtre poſés les quarrez rationnels ou irationnels,
de N & S, ainſi qu'il eſt faict de Z, en la ſuppoſitió
affin que les meſmes N & S, euſſent eſté limites
de ladicte baſe, mais telle choſe n'a eſté faicte ſans
conſideration: car la diuerſité des affections que les
limites donnez ont auec l'vn & l'autre des quarrez,
auſſi donnés en eſt la ſeule cauſe; pour autant que
tels plans Fp, & Gp, poſés pour limites de l'vn des
quarrez requis ou celuy de la baſe du triangle de-
mandé, peuuent eſtre propoſez en 6. façons la pre-
miere l'vn & l'autre des limites maieur que l'vn &
l'autre des quarrez (moindres neantmoings chacun
que la ſomme d'iceux quarrez :) comme poſant.

$$Bq, 6, \qquad Dq, 9, \qquad Fp, 18, \qquad Gp, 21.$$

2ᵉ. Ou l'vn moindre & que l'vn des quarrez ma-
ieurs que l'autre, comme

$$Bq, 16, \qquad Dq 9, \qquad F 12, \qquad G 15,$$

3ᵉ. Ou tous les deux moindres que tous les deux
quarrez, ainſi que

$$Rq 6, \qquad Dq 9, \qquad F 8, \qquad G 6,$$

4ᵉ. L'vn plus grand que le majeur quarré, & l'autre
moindre que le mineur : comme

$$Bq 16, \qquad Dq 9, \qquad F 18, \qquad G 6,$$

5. Le maieur limite plus grand que le maieur quar-
ré, & le moindre plus petit, neantmoins maieur
que le moindre des quarrez : ainſi que

$$q 16, \qquad Dq 9, \qquad F 18, \qquad G 12,$$

6. Le moindre limité, moindre que le moindre
quarré, & l'autre limité plus grand qu'iceluy, mais
moindre que le maieur, comme

$$Bq\ 16, \qquad Dq\ 9, \qquad F\ 12, \qquad G\ 5,$$

Toutes lesquelles diuersitez peuuent arriuer en
la concession des limites, entre lesquels doibt
tomber l'vn des quarrez requis, or auec quelques
vnes d'icelles diuersitez l'on ne peut satisfaire au
requis selon la methode de l'Autheur, qu'au prea-
lable tels limites n'ayent esté preparez aux con-
ditions requises par le zetetique precedent.

Pour la premiere diuersité, elle ne demande nulle
preparation, & peut estre accommodé à l'vne ou
l'autre cas du Zetetique precedent, à cause que cha-
cun des limites donnez sont plus grands que l'vn &
l'autre quarré, & par consequent leurs racines ou
costez plus grands que les costez des mesmes quar-
rez.

La deuxieme, est facilement resoluë par le pre-
mier cas en posant le costé du moindre quarré pour
l'hypotenuse du premier triangle, ainsi qu'il se void
par les nombres des exemples du Zetetique.

La troisieme, ne s'acomode à aucun cas, sinon en
changeant les limites en ceux de la perpendiculaire
du triangle à deduire; c'est à dire, en ostant Fp & Gp,
chacun de Zq; car les costés des restes seront les li-
mites, entre lesquels la perpendiculaire du triangle
à deduire sera constituée, & seront plus grands que
chacun des hypotenuses B & D; c'est pourquoy fei-
gnant la perpendiculaire estre la base, & operans
comme dessus on aura le requis.

La 4, 5, & 6. aussi bien que la troisieme diuersité

demande vne preparation en icelles, il y a toufiours
vn limite plus grand qu'vn des quarrez donnez &
l'autre moindre; c'eft pourquoy afin de preparer ces
limites pour le Zetetique, on laiffera le plus grand
limite de la bafe pour S, puis on cherchera entre i-
celle & le cofté du quarré, qui eft plus grand que
le moindre limite donné, & moindre que le maieur,
vn nombre pour le moindre limite N. & par ce
moyen la 4. & 5e. diucrfité s'accommodera au p^r. cas
du Zetetique precedent , & la fixieme à tous les
deux.

Cecy eft la caufe du changement des limites.

Il n'eft pas befoing de mettre $Zq = DN \dagger DM$,
ny enfuitte $Zq = DS + BR$, mais feulement
$Zq - DN + BM$ ou $Zq - DS + BR$, à caufe
que Zq qui eft femblable à l'hypotenufe d'vn tri-
angle rectangle doit eftre plus grãd que $DN - BM$,
qui eft la bafe femblable , de mefme auffi que
$DS - BR$. & pour montrer que l'autheur l'en-
tend ainfi, il a changé le figne de moins en la bafe
femblable en celuy de plus, ce qui ne fe peut faire
qu'en vne fouftraction abfoluë ; car fi on vouloit
prendre la difference de Zq à $DN - BM$, faudroit
efcrire $Zq = (DN, - BM)$ & non pas
$Zq = DN + BM$: d'autant que cela fonneroit la
difference entre Zq & $DN + BM$, ce qui feroit
contre le procedé de l'autheur, mais cefte faute eft
de l'Imprimeur.

L'autheur a pofé X , pour le troifieme terme,
cõmun aux deux analogies, afin d'en trouuer deux
autres entre lefquels il peut prendre T , rationnel:
à caufe que fi de X & de $\dfrac{X B N + X D M}{Zq - DN + BM}$, on faict

vn triangle , & deux semblables à iceluy ayant les
hypotenuses D & B, le troisieme deduit d'iceux
auroit pour base N. pareillement si de X , & de

$$\frac{X B S + X D R}{Z q - D S + B R}$$

on faict vn triangle, & à iceluy
deux semblables ayans les hypotenuses egales à B,
& D, le troisieme triangle deduit d'iceux aura pour
base S. tellement que puis que T , est eentr

$$\frac{X B N + X D M}{Z q - D N + B M} \quad \& \quad \frac{X B S + X D R}{Z q - D S B + R}$$

si on
faict vn triangle rectangle de X & T, & qu'a ice-
luy on en face deux autres semblables ayant les hy-
potenuses, les mesmes B & D, le troisieme trian-
gle rectangle deduit d'iceux ainsi qu'il a esté dit au
Zetetique precedent aura la base rationnelle ,
constituée entre S & N , base des deux premiers
triangles deduits, ainsi qu'il est requis.

Vasset cõtinuãt ces fautes a mis $Zq = DN + DM$,
ainsi quelle est dans le texte latin, sans en aduertir.

De mesme au lieu de metre, quelque nombre
choisi, il a escrit, quelque ligne choisi, sans prendre
garde que ce Zetetique ne parle que de nombres &
non de lignes.

d Il a mis aussi en ce lieu N $\tilde{\rho}$ 7, pour N $\tilde{\rho}$ 6.

Ledit Vasset veut paroistre ne rien cognoistre aux
nombres irationnaux, puis qu'il à laisé 18. qui sont
au latin sans les auoir changez, au lieu dequoy il
faut lire V28.

ZETETIQVE VI.

TRouuer en nombre deux quarrez, desquels la difference soit donnée.

Soit la difference donnée B p. quarré de la base d'vn triangle rectangle, on cherche les quarrez rationnels de l'hypotenuse, & de la perpendiculaire, lesquels different du quarré de la base donnée.

Or la base est moyenne proportionnelle entre la difference de la perpendiculaire a l'hypotenuse, & la somme d'icelle. Zetetique 3. du liure 3.

C'est pourquoy prenant quelque rationnelle en longitude a laquelle soit apliqué B p. ce qui en viendra sera aussi rationnel.

* Donc si ceste longueur à laquelle a esté faicte l'application est moindre que la largeur prouenante d'icelle application, ceste longueur sera la difference entre la perpendiculaire l'hypotenuse, & la largeur la somme d'icelles. & au contraire; partant on aura en nombre la perpendiculaire, & l'hypotenuse.

Autrement, Aq. soit vn des quarrés requis comme la perpendiculaire, donc $Aq + Bp$, sera egal a vn quarré, sçauoir à celuy de l'hypotenuse. soit iceluy le quarré de $A + D$, affin que D soit difference entre la perpendiculaire & l'hypotenuse. $Aq + 2DA + Dq$ sera egal à $Aq + Bp$. l'equation ordonnée $\dfrac{Bp - Dq}{2D}$ sera egal à A.

THEOREME.

SI le quarré du premier cofté d'alentour l'angle droit, moins le quaré de la difference entre le ᵇ fecond cofté & l'hypotenufe, eft appliqué au double de la mefme difference, ce qui en viendra fera egal au mefme fecond cofté d'alentour l'angle droit.

AVTREMENT.

E quarré foit vn des requis, comme par exemple de l'hypotenufe, donc $E\,q - B\,p$, fera egal à l'autre quarré, fçauoir à celuy de la perpendiculaire. Soit à celuy de $A - D$, afin que D foit la difference entre la perpendiculaire & l'hypotenufe; partant $E\,q - 2\,D\,q + D\,q$, fera egal à $E\,q - B\,p$. & le tout ordonné ᶜ $\dfrac{D\,q + B\,p}{2\,D}$ fera egal à E, d'où vient que.

THEOREME.

AV triangle rectangle, fi le quarré d'vn des coftez d'alentour l'angle droit, plus le quarré de la difference entre le cofté reftant, & l'hypotenufe eft apliqué au double d'icelle difference; ce qui en viendra fera l'hypotenufe.

Pareillement, fi le quarré d'vn des coftez d'alentour l'angle droit, plus le quarré de la fomme du cofté reftant, & de l'hy-

potenuſe eſt appliqué au double de la meſ-
me ſomme, ce qui en viendra ſera egal à
l'hypotenuſe.

D'où s'enſuit, que comme la ſomme de
l'hypotenuſe & de l'un des coſtez d'alen-
tour l'angle droit, à la difference d'iceux, d
ainſi le quarré de la ſomme plus ou moins,
le quarré du coſté reſtant d'alentour l'an-
gle droit, au quarré du meſme coſté reſtant
plus ou moins le quarré de la difference.

Soit B, plan 240, D 6. A eſt faict $\frac{240 - 36 \text{ ou } 17}{12}$. E

$\frac{240 + 36}{12}$ c'eſt a dire 23. le quarré de 23 differe du

quarré de 17. par 240. celuy la eſtant 529. celuy cy 289.

Soit un triangle 5, 4, 3. comme 9, à 1. ainſi 90 à 10.
& ainſi 72. à 8. on peut de la façon.

A un plan donné adiouſter un petit quar-
ré, en ſorte que la ſomme face un quarré.

Le plan donné ſoit entendu le quarré d'un des coſtez de
l'angle droit, on prendra pour la difference ou pour la ſom-
me de l'autre coſté reſtant, & de l'hypotenuſe, le coſté
d'un quarré qui ſoit preſque egal au plan donné.

Le plan dõné ſoit 17. on prendra pour la differẽce 4. donc
17 — 16. ſera appliqué a 8. eſt ce qui en viendra qui eſt
$\frac{1}{8}$ ſera la perpendiculaire ; partant le quarré de l'hypo-

tenuse sera 17 $\frac{1}{64}$ duquel le costé est $\frac{33}{8}$ ou 4 $\frac{1}{8}$ costé fort

proche de celuy en 17.

soit le plan donné 15. on prendra l'aggregé 4. donc [e] 15 + 16 appliqué à 8. donnera l'hypotenuse 11 son quarré $\frac{1}{8}$

15 $\frac{1}{64}$.

SCHOLIE.

[a] Vasset a fort mal rencontré, quant suiuant les erreurs commises en l'impression du texte de l'autheur, il a mis, *est plus grande*, pour, *est moindre*, s'il eut leu attentiuement le reste il eust recognu l'absurdité qui s'ensuiuroit de cecy, sçauoir que la difference de deux costez seroit plus grande que la somme des mesmes. [b] au theoreme il s'est extrauagué escriuant *second quarré*, pour, *second costé*. Il ne le cognoist pas beaucoup à la loy des homogenes, puis qu'il outrepase les termes d'icelles si souuent.

[c] Faut aussi corriger en la traduction de Vasset D q — B p, en D q + B p, cela peut estre vn erreur d'impression: mais son errata l'en rend coulpable.

[d] Il a aussi mal heureusement rencontré quand il traduict, *ita quadratum adgregati, adiunctum multa-tumue quadrato lateris circa rectū reliqui, &c.* de ceste sorte: *Ainsi le quarré de l'aggregé adiousté au quarré de l'autre costé à l'entour de l'angle droit, ou osté d'iceluy quarré, &c.* & vers la fin de ce theoreme, il faict la mesme faute, laquelle n'est pas pardonnables à vn Maistre és arts.

[e] Il contrarie icy à la loy des homogenes, & veut que l'on prenne la difference des costez presque ega-

le au plan qui doibt eſtre la différence des quarrez.

Pour 15 + 16. Il a mis 15 — 16, ce qu'il luy a fait naiſtre l'opinion que la différence entre l'hypotenuſe & le coſté reſtant autour l'angle droit eſtoit $\frac{1}{8}$

ſeulement, qui neantmoings doibt eſtre $\frac{31}{8}$. s'il euſt

conceu les termes du propoſé cela luy euſt donné à cognoiſtre que ceſte différence, eſtant $\frac{1}{8}$ & la ſomme 4 que cela ne pouuoit ſatisfaire au requis, d'autant que le quarré à adiouſter, auec 15. feroit plus que le quarré de l'hypotenuſe, laquelle eſt le plus grand coſté dont 4, eſt la ſomme & $\frac{1}{8}$ la différence

auec le coſté reſtant ſelon ſon intention.

ZETETIQVE VII.

TRouuer vn nombre plan, qui adiouſté à l'vn ou l'autre de deux plans donnez, face vn quarré.

Soient les deux plans Bp, Dp; il faut trouuer vn autre plan qui adiouſté ou à Bp, ou à Dp, face quarré.

Le plan à adiouſter ſoit Ap, donc Bp + Ap eſt egal a quarré, pareillement Dp + Ap eſt auſſi egal a quarré. Diophante enſeigne en ce lieu à faire vne equation double, ſoit donc Bp, plus grand que Dp. or le quarré de la ſomme de deux coſtez excede le quarré de leur différence, du quadruple du rectangle contenu ſous les coſtez, donc ſoit entendu B p — D p eſtre le quadruple du rectangle ſous les co-

ſtez, comme ſi B p + A p , eſtoit le quarré de la ſomme
d'iceux, & D p + A p, celuy de la difference ; c'eſt pour-
quoy A p ſera le quarré de la ſomme des coſtez, diminuee
de B p ou le quarré de la difference diminuee de D, plan.
Partant la choſe reuient à cecy , qu'il faut reſoudre
B p — D p qui eſt le rectangle ſous les coſtez, en deux coſtez
ſoubz leſquels il eſt fait , l'vn ſoit G, [2] plus petit que la
moitié de la difference, entre VBp, & VDp ou bien plus
grand que la moitié de leur ſomme l'autre ſera B p — D p;

c'eſt pourquoy le coſté du plus grand quarré ſera
B p — D p + 4 G q du moindre [b] (B p — D p) = 4 G q.

ſoit B p 192 , D plan 128. leur difference eſt 64. qua-
druple du rectangle ſoubz les coſtez, vn rectangle 16, faict
par les coſtez 1 & 16, deſquels la ſomme eſt 17. la diffe-
rence 15, & lors que du quarré de la ſomme des coſtez,
289. on oſte 192, le reſte eſt 97. donc 192 + 97. faict le
quarré de la ſomme des coſtez, laquelle eſt 289. &
128 + 97 faict le quarré de la difference, lequel eſt 225.
donc on a ſatisfaict à ce qui eſtoit propoſé.

On euſt peu auſſi faire la meſme choſe ainſi, pource qu'il
faut tant à B p, qu'a D p, adiouſter vn meſme plan, &
que la ſomme ſoit quarrée: ce plan ſoit A q — B p ; donc
adiouſtant iceluy à B p, la ſomme ſera A q. il reſte donc
que D p + A q, — B p. ſoit egal quarré; feignons eſtre
celuy de F — A. donc A q — 2 F A + F q, ſera egal à
D p + A q — B p. l'equation ordonnée F q + B p — D p
ſera egal à A.

ſoit B plan 18 D plan 9 F 9. A eſt faict 4. le plan à
adiouſter 7 lequel adiouſté à 18. faict 25. & à 9. faict
16, quarrez de 5 & 4.

SCHOLIE.

a Vasset eust creu auoir faict vne offence s'il eust mis autrement qu'il n'y a au latin auquel il faut lire *minus dimidia differentia*, non pas *minus differentia*, que cela soit, il est facile à voir, d'autãt que Bp+Ap estant le quarré de la somme des costez & Dp+Ap, celuy de la difference; v(Bp+Ap) — v(Dp+Ap) sera le double du moindre & v(Bp+Ap) +— v(Dp+Ap) le double du plus grãd costé desquels le rectãgle sera la difference entre Bp+Ap & Dp+Ap, c'est à dire Bp—Dp, mais pour autant que Bp—Dp est le rectangle faict sous vBp—vDp & vBp+vDp. il s'ensuiura, puisque v(Bp+Ap) +— v(Dp+Ap) est plus grand que vBp+vDp, qu'aussi vBp—vDp sera plus grande que vBp+Ap) —v(Dp+Ap). or le double estant plus grand que le double, aussi le simple. Donc il s'ensuit que G, qui est mesme que la moitié de v(Bp+Ap) — v(Dp+Ap) ou bien de v(Bp+Ap) + v(Dp+Ap), suyuant qu'il est posé plus grand ou plus petit, sera moindre aussi que la moitié de vBp—vDp, ou maieur que la moitié de vBp+vDp. la mesme chose seruira pour le Zetetique suiuant, ou Vasset a faict la mesme faute.

b Faut changer dans la traduction de Vasset le signe de difference à Dp, qui est inutile: faut noter en passant, que lorsqu'il faut prendre la difference de quelque grandeur affectee par negation à vne simple, que la grandeur nyée peut estre ioincte auec la simple par affirmation, & de tout prendre la difference à la grandeur nyante: comme icy, falloit prendre la difference de Bp—Dp à G on mettra

$$\frac{Bp = (Dp + 4Gp)}{4G} \qquad \overline{4\,G}$$

ce qui sera le mesme qu'il est au Zetetique.

ZETETIQVE VIII.

TRouuer vn nombre plan, lequel souſtraiĉt de l'vn ou l'autre de deux plans donnez, reſte vn quarré.

Soient deux nombres plans Bp & Dp; il faut trouuer vn autre nombre plan, lequel soubſtraiĉt ou de Bp, ou de Dp, reſte vn quarré.

Soit le plan requis B p — A q. donc lors que B p — A q, ſera oſté de B p, reſtera A q. & le meſme oſté de D p, le reſte ſera D p — B p + A q. lequel doibt egaler vn quarré ſoit celuy de A — F donc $\dfrac{{}^{2}\,F\,q - D\,p + B\,p}{{}_{2}F}$ ſera e-gal à A.

Derechef l'eſleĉtion de F, eſt de telle condition qu'il faut que A largeur qui vient de l'appliquatiõ, ſoit moindre que Bp, ou Dp. C'eſt pourquoy il faut ſe ſeruir pluſtoſt d'vne double equation, & ſoit le plan à oſter A p; donc B p — A p, eſt egal à quarré. D p — A p auſſi egal à quarré. Bp ſoit plus grand que D p. leur difference eſt B p — D p; partant B p — D p ſera conceu eſtre le quadruple du reĉtãgle ſous les coſtez, Bp — Ap, le quarré de la ſomme d'iceux, D p — A p celuy de leur difference, & A p eſt l'excés par lequel Bp, excede le quarré de l'aggregé des coſtez, ou D p, celuy de la difference.

Soit l'vn des coſtez plus grand que la moitié de la difference de ᵇ v Bp & vDp & plus petit que la moitié de leur aggregé, l'autre sera $\dfrac{Bp - Dp}{4G}$, & le quarré de leur somme estant soustraict de Bp, ou celuy de leur difference de Dp, le reste sera Ap.

Soit B plan 44; D 36, G 1, l'vn des costez, le deuxieme sera 2, la somme des costez 3, leur difference 1, leur quarré 9 & 1, donc le plan à soustraire sera 35, lequel osté de 44 reste 9, & de 36. reste 1.

SCHOLIE.

a   Faut corriger dans le latin & traduction de Vasset en cet endroict $\dfrac{Bq + Dp - Dp}{2F}$ & en son lieu

y mettre $\dfrac{Fq - Dp + Bp}{F}$ b come aussi pour Bp à Dp

escrire $v\,Bp$ à $v\,Dp$, & les mesmes choses qu'au Zetetique precedent.

ZETETIQVE IX.

TRouuer vn nombre plan, duquel estant osté l'vn ou l'autre de deux plans donnez, le reste soit quarré.

Soient les deux nombres plans donnez Bp & Dp. il faut trouuer vn autre plan, a duquel estant osté ou Bp ou Dp, le reste soit quarré.

Le plan duquel il faut faire soubstraction, soit Ap, donc $Ap - Dp$ est egal à quarré, & de rechef $Ap - Bp$ est egal à quarré, c'est pourquoy il faut faire vne dou-

ble

ble equation. Soit B plan plus grand que D plan. Donc
Ap—Dp le plus grand quarré soit posé estre le quar-
ré de la somme des costez, & le moindre Ap—Bp, le
quarré de la difference : finallement Bp—Dp le qua-
druple du rectangle soubs les costez. Soit l'vn des co-
stez G, l'autre sera Bp—Dp [b] & le quarré de leur
$$\frac{}{4G}$$
somme estant augmenté de D plan, ou le quarré de la
difference de Bp, la somme sera Ap : duquel lors qu'on
ostera Dp restera le quarré de la somme, ou Bp le quar-
ré de la difference.

Soit B plan 56. D plan 48. G 1. vn des costez, ce-
luy qui vient de l'appliquation 2. leur somme 3. la diffe-
rence 1. c'est pourquoy A p, est 57. lequel estant dimi-
nué de D p, restera 9. & de B p, 1.

SCHOLIE.

[a] Vasset auoit perdu son calepin lors qu'il r'adui-
uisoit ce Zetetique, & a fort peu-heureusement
rencontré en expliquant *oportet inuenire planum a quo*
cum auferetur siue B, planum, siue D planum, &c. de cete
sorte il faut trouuer vn plan lequel estant osté de B plan,
ou de D plan &c.

[b] Il a encore plus mal reussi au latin ou asseurement
il est plus entendu qu'en la solution de ces Zeteti-
ques quant il traduit, *& horum summa quadratum*
adiungetur D planum, vel quadratum differentiæ B pla-
num, & ainsi, tellement que le quarré de leur somme
estant adiousté à D plan, ou le quarré de leur difference
estant soustrait de B plan &c.

ZETETIQVE X.

TRouuer en nombre deux coſtez en ſorte qu'en ce plan faiſt ſoubz iceux adiouſté au quarré de l'vn & l'autre coſté face quarré.

Soit vn des coſtez B , l'autre A. il faut que $AE + BA + BE$, ſoit egal à quarré , feignons à celuy de $D - A$, & l'equation eſtant ordonnée $\frac{Dq - Bq}{B + 2D}$ ſera

egal à A.

Donc le premier coſté eſt faiſt ſemblable à $Bq + 2BD$, le ſecond à $Dq - Bq$, & ce qui eſt faiſt ſous iceux auec le quarré de chacun eſt ſemblable à $Dqq + Bqq$, $+ 3BqDq , - 2BCD + 2DCB$, la racine d'iceluy $Bq + Dq + BD$.

Soit $D 2 , B 3$, l'vn des coſtez eſt 5, l'autre 3. la racine du compoſé du quarré de chacun auec le plan ſous iceux 47, ſçauoir 49 faiſt de 25, 15, 9.

Lemme pour le Zetetique ſuyuant.

Il y a trois ſolides egaux produiſts par deux coſtez.

L'vn du premier coſté par le quarré du ſecond, plus le reſtangle ſoubs les coſtez.

L'autre du ſecond coſté par le quarré

du premier, plus le rectangle soubs les co-
stez.

Et le troisieme de la somme des costez
par le rectangle soubs iceux.

Soient deux costez B & D, ie dis que d'iceux sont
faicts trois solides egaux,
Le premier de B par Dq + BD.
Le deuxiesme de D par Bq + DB.
Le troisiesme de B + D par BD.
La chose est visible, chacun des trois solides estant
BDq + BqD.

ZETETIQVE XI.

TRouuer en nombre trois triangles
rectangles, desquels les aires soient
egales.

La perpendiculaire du premier triangle soit sem-
blable à 2BA. La base à ª Dq + BD. La perpen-
diculaire du second à 2DA, la base à Bq+BD. La
perpendiculaire du troisiesme 2BA + 2DA, la base
BD.

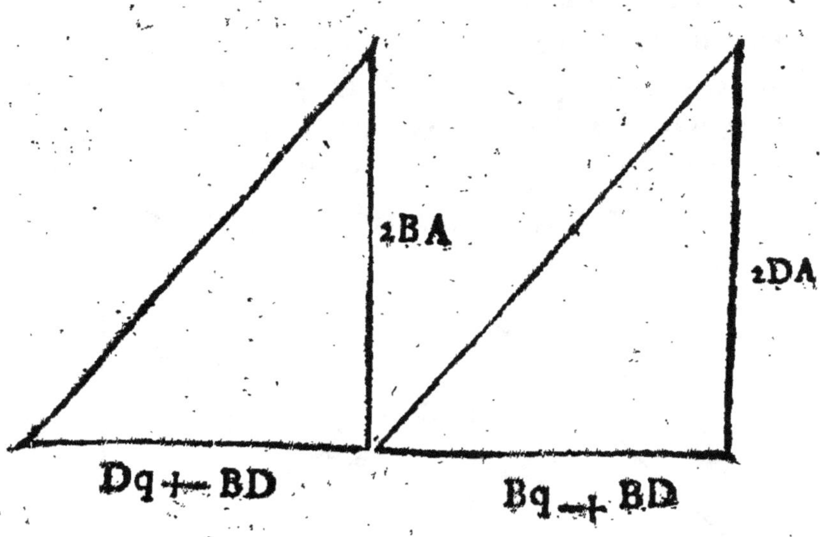

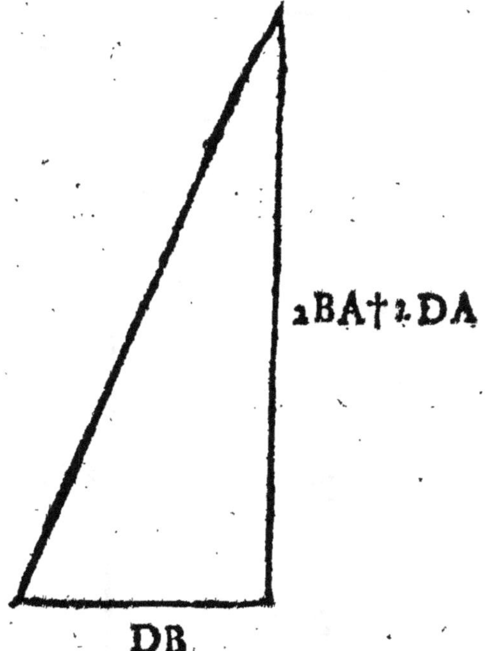

Partant par le Lemme precedent ils auront les ai-
res egales, sçauoir chacune d'icelles BDqA + DBqA.
il n'est plus question sinon que les plans semblables aux

hypotenuses soient rationnaux : Mais par le Zetetique precedent les costez B & D peuuent estre choisis, en sorte que Bq + Dq + BD soit egal au quarré. Tel quarré soit Aq, par interpretation, la base du premier triangle est faicte Aq — Bq, celle du second Aq — Dq. Et du troisiesme (B + D)q. — Aq.

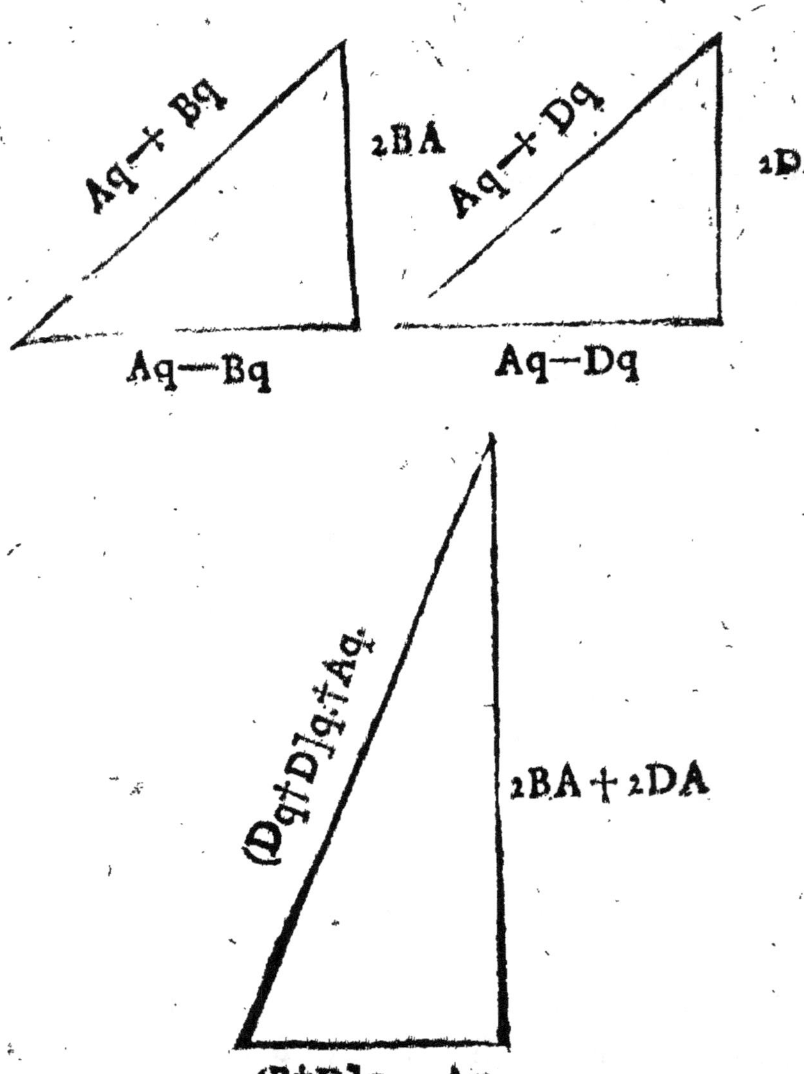

Et de tels costez que les bases sont difference des quar-
rez, les perpendiculaires sont semblables au double du
rectangle. Donc les hypotenuses seront faictes de la som-
me des quarrez par l'affection reguliere des triangles. Par-
tant l'hypotenuse du premier sera semblable à $Aq + Bq$,
du second à $Aq + Dq$, *du troisieme à* $(B\dagger D)q\dagger Aq$
& par consequent on a satisfaict au proposé.

Soit B3, D5, A est faict 7, & les triangles en nom-
bres sont ainsi,

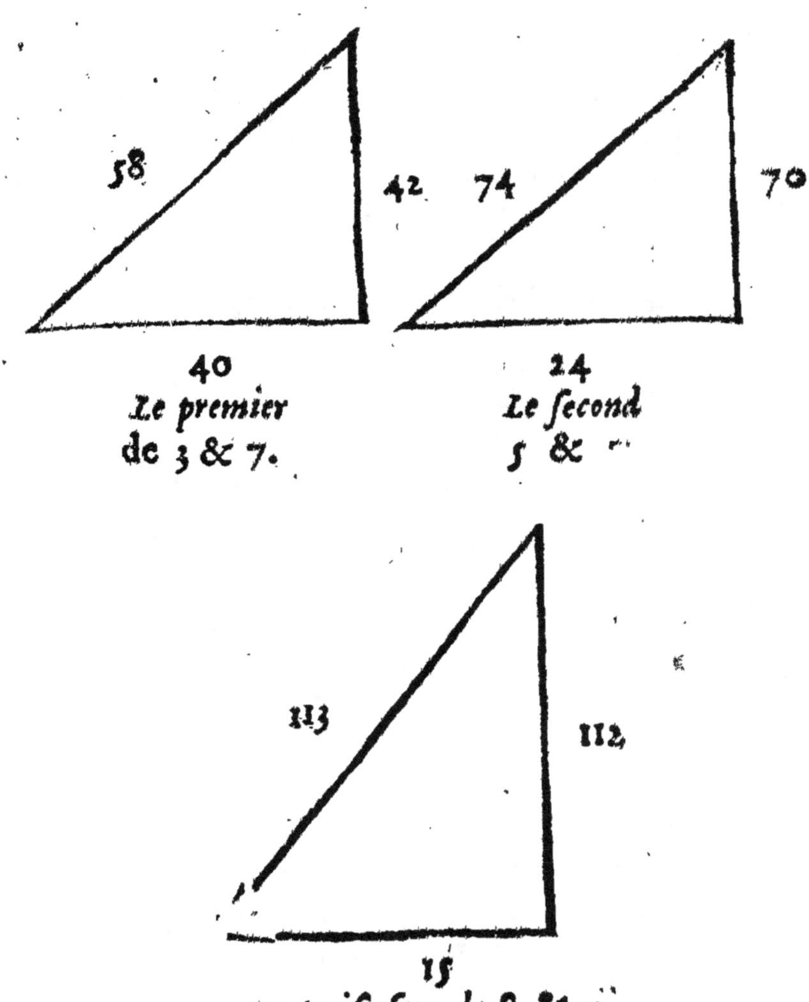

Et l'aire commune des trois est 840.

SCHOLIE.

Vaſſet continuant touſiours ces fautes à ſuiure le latin bien qu'il contrediſe au ſens du Zetetique en ce lieu, il a laiſſé la tranſpoſition de la baſe du premier en celle du deuxieſme triangle, faiſant la baſe du premier D q + B D & celle du 2. B q + B D, & c'eſt tout au côtraire, les triangles luy euſſent monſtré ſa faute s'il y euſt cognu quelque choſe, il y a pluſieurs autres fautes, dans ce Zetetique que ie laiſſeray, comme quand il veut dire le quarré de B + D il eſcript B + D q, qui ſignifieroit B auec le quarré de D, ſeulement ſi il euſt enfermé ce binome d'vn demy cercle comme l'autheur faict, il ſe fuſt mieux faict entendre.

ZETETIQVE XII.

Trouuer en nombre trois triangles rectangles en ſorte que le ſolide ſouz les perpendiculaires, ſoit au ſolide ſouz les baſes, comme nombre quarré a nombre quarré.

Soit faict vn triangle rectangle en nombre, duquel l'hypotenuſe ſoit Z, la baſe D, la perpendiculaire B. & ſoit conſtitué vn autre triangle de Z & D, & 2 ZD, ſoit poſé pour baſe, finallement ſoit faict vn troiſieme triangle de Z, & B, & 2 ZB, poſés pour baſe.

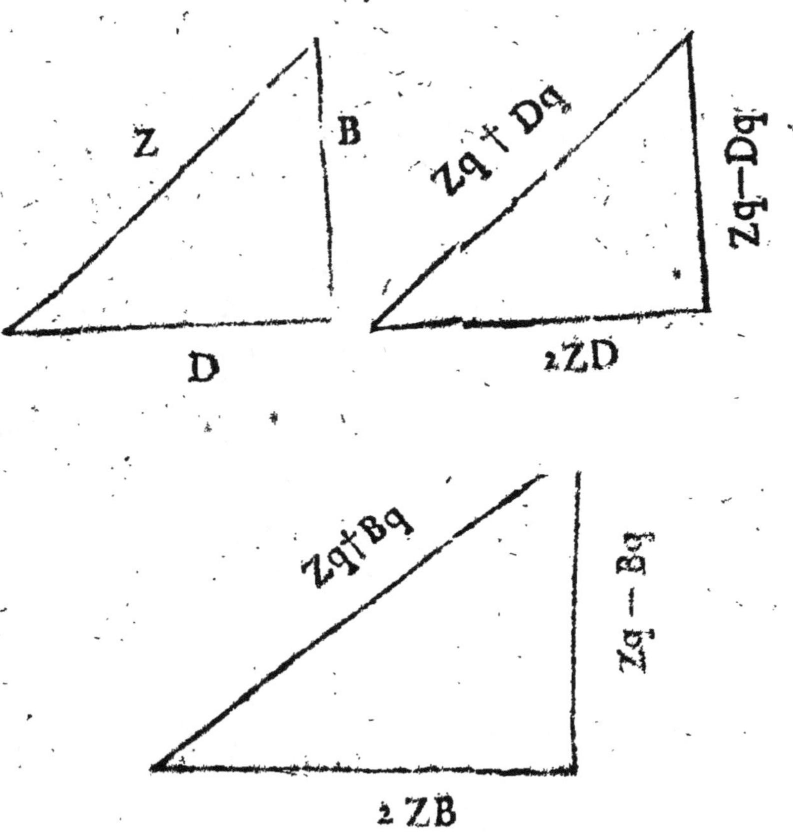

Le solide soubs les perpendiculaires, est au solide souz les bases comme Bq à 4 Zq.

Le premier triangle soit   5, 3, 4.
Le second sera   34, 30, 16.
Le troisiesme   41, 40, 9.

Le solide sous les perpendiculaires 4, 16, 9, est au solide soubz les bases 3, 30, 40, comme le quarré de 4. au quarré de 10.

SCHOLIE.

Que le solide soubz les perpendiculaires soit au solide sous les bases comme B q à 4 Z q. cela est aparu

paru, car la perpendiculaire du p^r. eſt B, du deuxieſme Zq—D q. par interpretation B q. celle du troiſieme Zq—B q , par interpretation D q; partant le ſolide faict ſous icelles eſt B B q D q, le ſolide faict, ſous les baſes 4 Z q D q B. qui ſont l'vn à l'autre comme B q à 4 Z q.

Les hypotenuſes du deuxieme & troiſieme triangle n'ont pas eſté conuenablement remarquées par Vaſſet qui les faict eſtre de Zq ſeulement, & elles doibuent eſtre Zq † Dq & Zq † Bq. Il a la memoire fort courte, d'auoir oublié la conſtitution des triangles par deux coſtez : ce qui l'à trompé c'eſt la faute de l'impreſſion latine, ou il n'y a que les meſmes Z q. mais il denoit ſupleer au deffaut ; car cecy ne vient point de l'aútheur, mais de la faute de l'Imprimeur.

ZETETIQVE XIII.

T Rouuer en nombre deux triangles rectangles , en ſorte que le plan ſous les perpendiculaires , moins le plan ſous les baſes ſoit quarré.

ſoit expoſé vn triangle rectangle en nombre, l'hypoténuſe duquel ſoit donné Z, la baſe D, la perpendiculaire B , en ſorte toutefois que le double de la perpendiculaire B , excede la baſe D. & ſoit faict vn autre triangle de 2B & D. ou des racines ſemblables à icelles & 4 B D. ſoient poſés pour perpendiculaire, apliquant tous les plans

semblables aux costez à D, le plan soubz les perpendicu-
laires diminué du plan soubz les bases restera **D** q. *ou*
quelque autre semblable à Dq, ainsi que la similitude des
racines auec 2B, & D, aura changé l'operation.

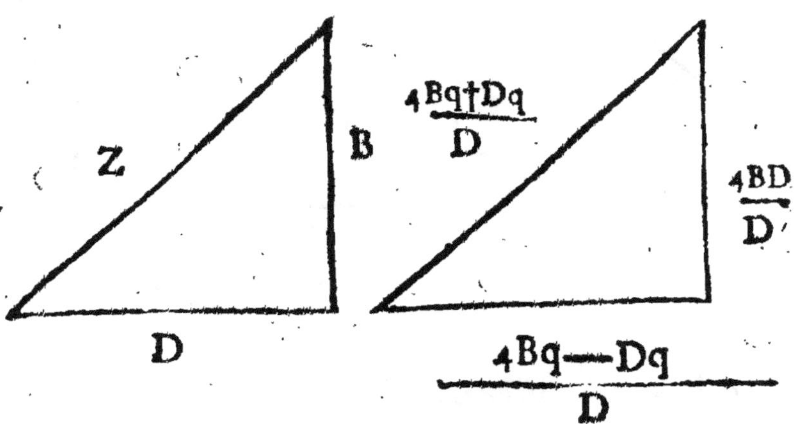

Soit le premier triangle rectangle 15, 9, 12, le second
sera 73, 55, 48. ce qui est faict soubz les perpendiculai-
res 576, sous les bases 495. la difference 81, de laquelle
la racine est 9.

SCHOLIE.

a Par ces racines semblables l'autheur entend cel-
les qui sont en mesme proportion que 2B à D, com-
me 4B, & 2D, ou bien F & $\frac{D}{2B}$ F ; car le triangle en-

gendre de telles racines faisant auec icelles comme
il a esté faict auec 2B & D, la mesme chose arriuera
qu'auparauant.

EXEMPLE.

Le premier demeurant comme dessus Z, D, B.

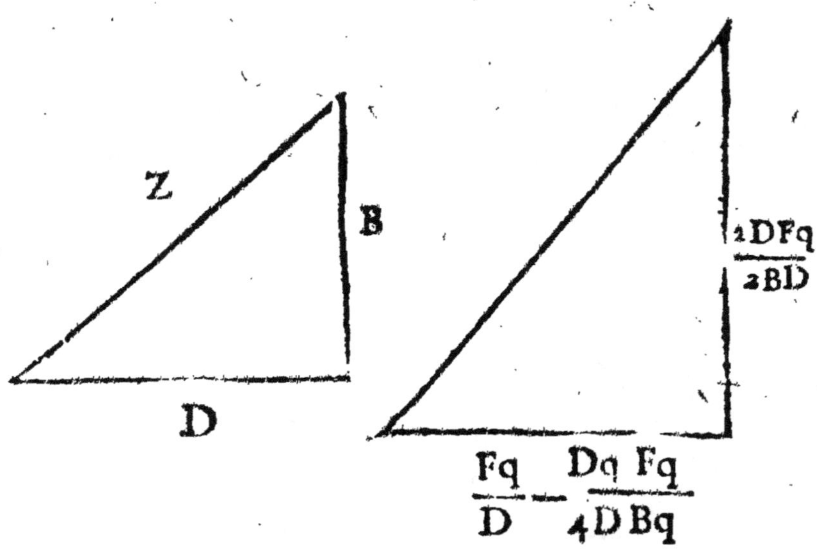

Le second soit faict des racines F & $\dfrac{DF}{2B}$ & la per-
pendiculaire sera $\dfrac{2DFq}{2BD}$ la base $\dfrac{Fq}{Dq} - \dfrac{DqFq}{4Bq}$ le
plan soubz les perpendiculaires est F q celuy des bases
$Fq - \dfrac{DqFq}{4Bq}$ qui osté de Fq restera $\dfrac{DqFq}{4Bq}$ qui est quar-
ré ayant sa racine $\dfrac{DF}{2B}$.

En nombres le mesme premier triangle soit 15, 9, 12,
que le second triangle soit à faire de deux racines, dont
l'vne estant 4. l'autre sera 3. car doublant la perpendicu-
laire 12. faict 24. & comme 24. est à 9. ainsi 8 à 3. donc
de 8 & 3. ayant faict vn triangle & chacun de ces costez
estant apliquez à 9. il sera ainsi.

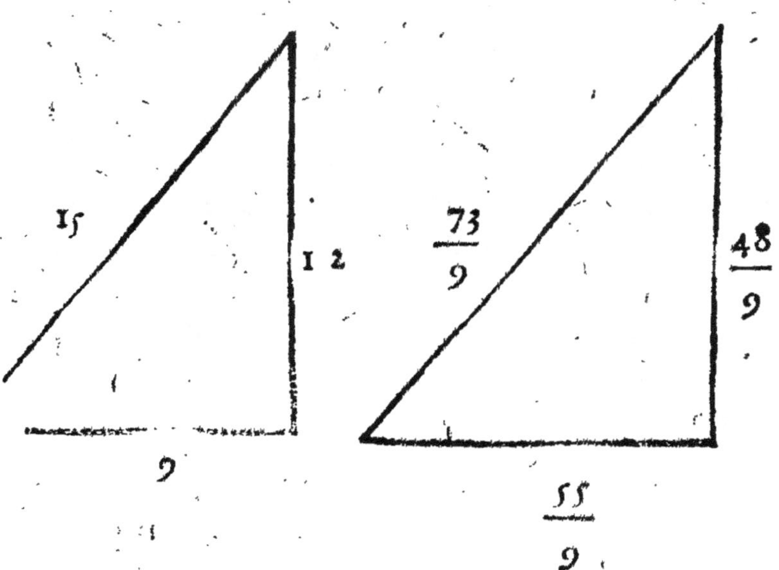

Le rectangle soubz les perpendiculaires 576 *celuy des*

bases 495 *qui osté de* 576 *reste* 81 *duquel la racine est* 9

ou 3.

Vasset n'a pas entendu cecy; car il auroit escript
D q. au lieu de B q. comme aussi en la base du se-
cond triangle il a laissé B q. — D q, qu'il falloit
mettre 4 B q — D q. mais sa caution est l'Imprimeur
du latin.

ZETETIQVE XIIII.

Trouuer en nombre deux triangles
rectangles, tels que le plan faict soubz

les perpendiculaires adiousté au plan faict sous les bases, soit quarré.

Soit exposé en nombre quelque triangle rectangle, duquel l'hypotenuse soit donné Z, la base D, la perpendiculaire B, en sorte toutefois que la perpendiculaire B, excede le double de la base D. & soit faict vn autre triangle de B, & 2 D, posant 4 B D, pour base, appliquant tous les plans semblables aux costez à B, le plan sous les perpendiculaires adiousté au plan sous les bases donné Bq.

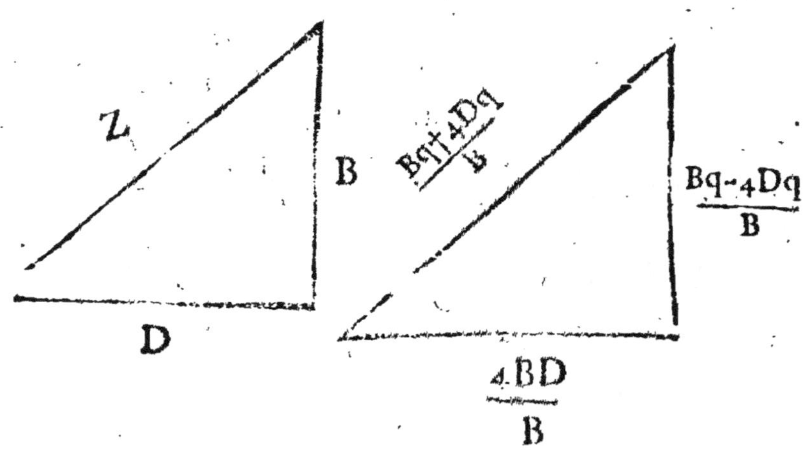

Soit le premier triangle rectangle 13, 12, 5, estant faict vn triangle de 5, & 6. ou d'autres semblables à 10, & 12. comme 30 & 36. le second triangle sera $\frac{61}{12}$, $\frac{60}{12}$, $\frac{11}{12}$, ou 183, 180, 33. la somme des plans faicts soubz les perpendiculaires & celuy faict sous les bases du premier & du deuxiesme, ayant pour hypotenuse 61 est 36, duquel la racine quarrée est 6 & le plan fait $\frac{12}{}$ souz les perpendicul. du premier & de celuy-cy, duquel

l'hypotenuse est 183. est 396. qui adiousté au plã fait sous
leurs bases est 900. faict 1296. quarré ayant sa racine 36.

a   Vaſſet ſuiuant le Latin a mis B par 2D pour
4BD, s'il euſt regardé pourquoy 2D, ont eſté po-
ſez moindres que B, il ne fuſt pas tombé en erreur.

b   Il a faict encore vne plus grande faute, lors qu'il
s'eſt fié aux nombres qui ſont en cet exemple, par
ce qu'ils ſont changez, meſmes il y en à qui n'y ſont
point, comme vous pouuez voir cy deſſus, vous iu-
gerez ſi cet exemple deuoit eſtre laiſſée embrouil-
lé comme elle eſtoit.

Vaſſet a voulu euiter le crime dont ſon deffen-
ſeur dit eſtre coulpable, tous les traducteurs qui
ſe meſlent d'expliquer le ſens de leur autheur, en
laiſſant les choſes qui ſont dans ce Zetetique ſans
les changer, veritablement ſi par la creance on de-
uenoit Mathematicien, il le ſeroit meſme le plus
grand du monde.

ZETETIQVE XV.

TRouuer en nombre trois triangles re-
ctangles, en ſorte que le ſolide ſous les
hypotenuſes, ſoit au ſolide ſous les baſes,
comme nombre quarré à nombre quarré.

ſoit expoſé vn triangle rectangle en nombre, duquel
l'hypotenuſe ſoit Z, la baſe B, la perpendiculaire D. en
ſorte toutefois que le double de la baſe B, excede la perpen-
diculaire D. et ſoit fait vn ſecond triangle 2B et de 2 la

perpendiculaire D & 4BD. soit posé pour base; fina-
lement soit l'hypotenuse d'vn troisieme triangle semblable
à ce qui est fait sous les hypotenuses du premier & second,
la base du rectangle sous les bases, moins le rectangle sous
les perpendiculaires, par consequent la perpendiculaire à
ce qui est faict des bases par les perpendiculaires alterne-
ment, & le solide sous les hypotenuses, au solide sous les
bases, sera comme quarré à quarré.

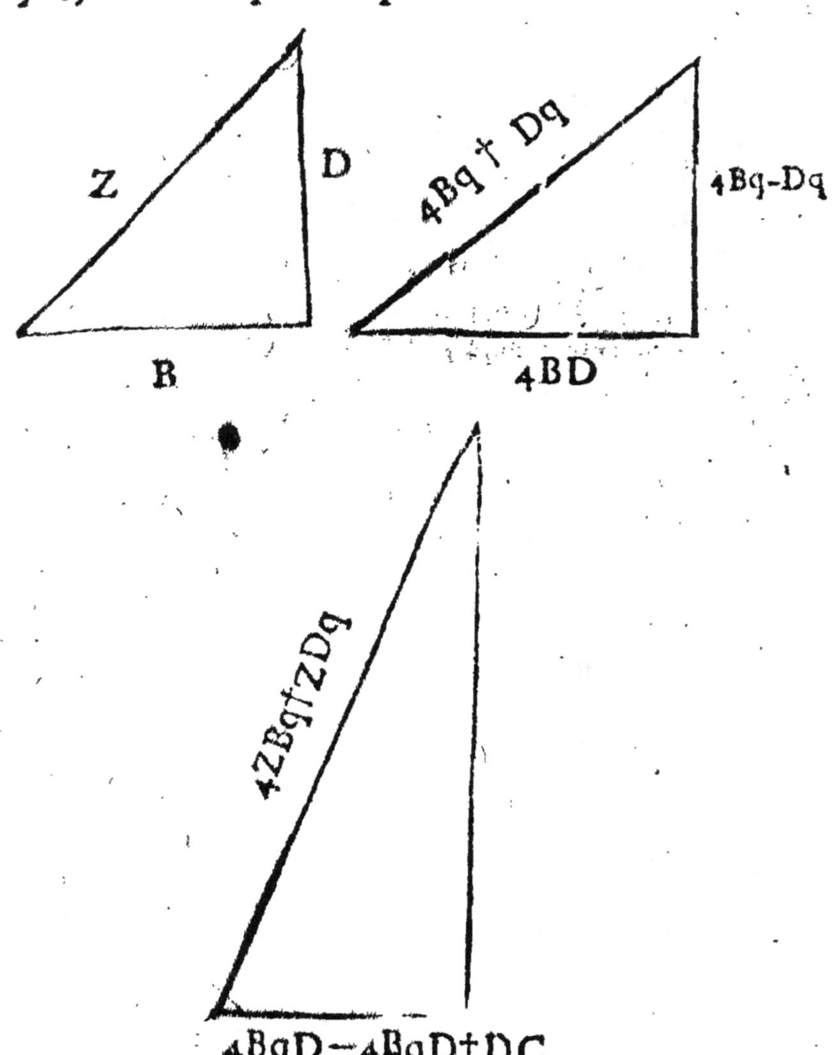

Soit le premier triangle 5 , 3 , 4. le second sera [a] 13 , 12 , 5. le troisieme 65, 16, 63. Et le solide sous les hypoteses sera au solide sous les bases , comme le quarré 65. au quarré de 24.

Ou soit exposé vn triangle rectangle en nombre, duquel l'hypotenuse soit Z la base D , la perpendiculaire B , en sorte touteffois que la perpendiculaire B , excede le double de la base D , & celui-la soit le premier , le second soit faict de B , & 2D , & 4BD posé pour base. Finallement l'hypotenuse du troisieme triangle soit faicte semblable au rectangle sous les hypotenuses du premier & second : la base au produict des perpendiculaires, plus celuy des bases. C'est pourquoy la perpendiculaire sera egale à la difference des produicts des bases [b] & perpendiculaires alternement prises.

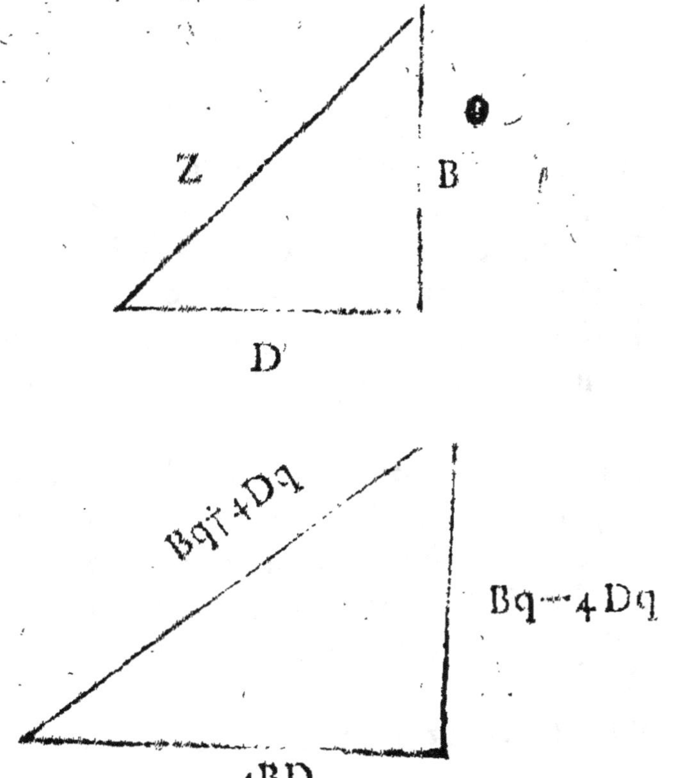

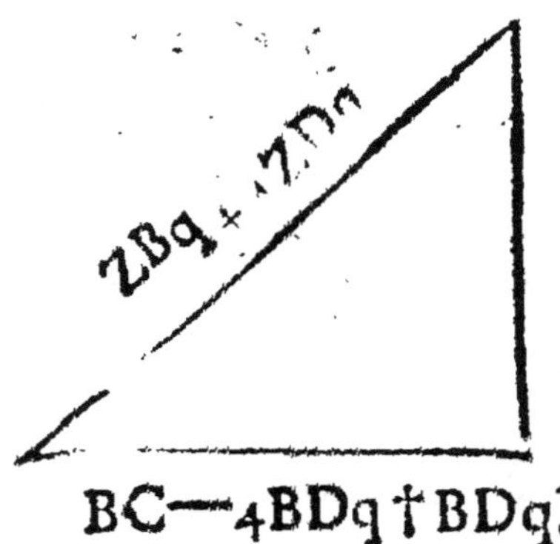

BC—4BDq ŤBDq.

Le solide sous les hypotenuses sera au solide sous les bases, comme quarré à quarré.

Soit le premier triangle 13, 5, 12, le second sera 61, 60, 11. le troisieme 793, 432, 665.

Le solide sous les perpendiculaires sera au solide sous les bases comme le quarré de 793, au quarré de 360.

SCHOLIE.

a Faut changer la base, qui est tant au latin qu'en la version de Vassel en perpendiculaire.

En ceste premiere opeeration du Zetet. l'autheur s'est seruy de l'11e. Zetet. precedent affin de trouuer la base du 3e. estre quarré, si elle estoit appliquée a D; car de faict $\dfrac{4BqD—4BqDq + DC}{D}$, qui est $\dfrac{DC}{D}$ seroit quarré, lequel d'autant qu'il doit estre multiplié par B, & 4 B D continuemét, ceste aplication n'a esté necessaire: d'autant que 4 B q D, multipliez par plus D C font autant que 4 B q D q, par $\dfrac{DC}{D}$; & partát ce produit sera quarré, duquel la racine sera le produit de 2 B D, par D. le solide des hypotenufes fera le quarré de l'hypotenufe du troifieme partant entr'eux comme quarré à quarré.

Faut noter que le fecond triangle n'eft pas faict des racines D & 2 B. mais feulement des femblables à icelles.

De mefme la feconde operation eft tiré du 14. Zetetique precedent.

b Vaffet a faict vne eclipfe *de perpendiculaires*, ayant feulement mis, *fi bien que le perpendicule foit egale à la difference des produits fous les bafes alternatiuement.*

Et au 3e. triangle il a oublié de changer plus 4 Z D q en plus 4 B D q.

ZETETIQVE XVI.

T Rouuer en nombre *vn triangle rectangle, duquel l'aire foit egale à vne donnée, fuiuant quelques conditions.*

Comme fi l'aire eft donnée $\frac{Bqq - Xqq}{Dq}$ *on feindra vn triangle de* ^{a} Bq $\mathit{\&}$ Xq $\mathit{\&}$ *les plan-plans des coftez femblables feront appliquez à* ^{b} XDB.

Soit B 3, X 1, D 2, foient donc deux quarrez-quarrez 8. $\mathit{\&}$ 1. La difference des quarrez-quarrez 80 donnera l'aire $\frac{80}{4}$ *c'eft à dire 20, en faifant le triangle de 9 $\mathit{\&}$ 1 l'aire eft faite egale a 720.*

C'est pourquoy quant le nombre de l'aire sera pres-
crit, il faudra voir si la mesme chose proposee, simple
ou multipliée, augmentée d'vne vnité ou de quelque
quarré-quarré, fait quarré-quarré.

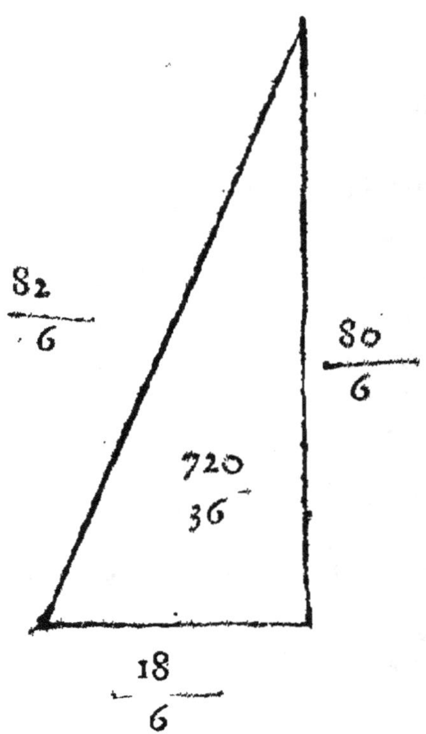

Comme si on proposoit 15, pour autant que 15 auec 1
faict 16 quarré-quarré de 2, le triangle sera fait de 4
& 1. c

Et si l'aire estoit donnée $\dfrac{DCX - XCD}{Xq}$ le trian-

gle seroit fait de D & X, & les plans semblables aux
costez appliquez à X.

Soit D 2, X 1, l'aire sera 6, soit fait vn triangle
de 2 & 1 & l'aire sera 6. C'est pourquoy quand le
nombre de l'aire sera donné, il faudra voir si le mesme
nombre simple ou multiplié par vn nombre quarré, est

AA ij

vn nombre cube moins son costé.

Comme proposant 60, *le triangle sera faict de* 4
& 1.

SCHOLIE.

[a] Vasset ayant suiuy le Latin a mis Bq + Zq.au
lieu qu'il faut lire Bq & Xq.

[b]   Faut pour 2 X D B, que le mesme traducteur à
posées escrire seulement X D B.

[c]   La mesme chose sera entenduë lors que la super-
ficie sera diuisée par quelque nombre quarré, cõ-
me si l'aire estoit 60 diuisée par vn quarré 4 vient
15 nombre quarré-quarré moins l'vnité, partant
le triangle duquel l'aire est 15 aura les costez 15,

$$\frac{4}{2} \qquad \frac{15}{2}$$

& à cause que les triãgles sont en raison doublée
de la raison de leurs costez, les costez du triangle
ayant l'aire 60 seront 15 & 8. & ainsi des autres.

[d]   Et si l'aire estoit 15 d'autant que quatre fois
quinze font soixãte qui est nombre cube moins son
costé, & que l'aire estant 60 le triangle seroit fait
de 4 & 1, comme aussi que l'aire est à l'aire en
raison double du costé au costé, les costez du trian-
gle seront $\frac{15}{2}$ & $\frac{8}{2}$ appliquant ceux du triangle
ayant 60 pour aire à la racine du quarré lequel mul-
tipliant 15 fait 60. Les mesmes choses seront fai-
tes en la premiere partie de ce Zetetique.

ZETETIQVE XVII.

TRouuer en nombre trois plans pro-
portionnels desquels le moyen ad-
iousté, ou au premier, ou au second, face
quarré.

Le moyen des plans soit Ep, & le premier soit posé
Bq—Ep. Le dernier Gq—Ep. Donc adioustant Ep,
au premier sera fait vn quarré: c'est à dire Bq, pareil-
lement Ep adiousté à Gq—Ep fait quarré, sçauoir
Gq. Il n'est plus question sinon que ces trois plans soient
proportionnaux, & par consequent que le quarré du moyē
soit egal au rectangle des extremes, par laquelle compa-
raison suiuant les preceptes de l'art, on trouuera $\dfrac{Dq\,Gq}{Bq+Gq}$

estre egal à Ep. Dequoy les trois plans proportionnels sont
entr'eux de cette sorte.

$$1.\quad \frac{B\,q\,q}{Bq+Gq} \qquad 2.\quad \frac{Bq\,Gq}{Bq+Gq} \qquad 3.\quad \frac{G\,q\,q}{Bq+Gq}$$

Soit B 1, G 2, le premier des plans requis sera
$\dfrac{1}{5}$ le second $\dfrac{4}{5}$ le troisiesme $\dfrac{16}{5}$ Le moyen adiousté au
premier fait 1. & au second 4. les mesmes plans estans
multipliez par vn quarré comme 25, afin d'oster les fra-
ctions & satisfaire au requis, les plans en la condition
demande, serons faits 5, 20, 80.

SCHOLIE.

Vaſſet ſuiuant ſa couſtume met $\frac{1}{3}$ pour $\frac{1}{5}$ à cauſe qu'il la trouué en l'exemplaire Latin, ce n'eſt pas ſa faute.

ZETETIQVE XVIII.

Estans donnez deux cubes, trouuer en nombre deux autres cubes, deſquels la ſomme egale la difference des donnez.

Soient les deux cubes donnez BC, DC, celuy-la plus grand, celuy-cy plus petit. Il faut trouuer deux autres cubes, deſquels la ſomme ſoit egale à BC—DC. Le coſté du premier cube requis ſoit B—A, le coſté du ſecond $\frac{BqA}{Dq}$—D, & ſoient faicts les cubes, & comparez auec BC—DC; on trouuera $3DCB$ eſtre egaux à $\frac{A}{BC+DC}$ C'eſt pourquoy le coſté du premier cube requis eſt B $\frac{(BC—2DC)}{BC+DC}$, du ſecond D $\frac{(2BC—DC)}{BC+DC}$. Et la ſomme d'iceux cubes eſt egale à BC—DC. De ſorte qu'on peut trouuer quatre cubes deſquels le plus grand ſera egal à la ſomme des trois autres : car ayant pris deux coſtez B & D celuy la plus grand, l'autre moindre le coſté du cube compoſé eſt fait ſemblable à B (BC+DC,

le cofté du premier cube particulier, D (BC + DC.) Le
fecõd B (BC — 2DC) Le troifiefme D (2BC — DC.)
il eft euident par le procedé qu'il faut que le cube du
plus grand cofté excede le double du cube du moindre.

Soit B2, D1, le cube du cofté 6, fera egal aux cubes
particuliers faits des racines 3, 4, 5, c'eft pourquoy lors
que le cube de 6, & 3, feront donnez on exibera les cu-
bes de 4, & 5, la fomme defquels fera egale à la diffe-
rence des donnez.

SCHOLIE.

* Faut noter que les nombres, 3, 4, 5, 6, font nom-
bres femblables feulement aux coftez deduits de B2,
& D 1, & non pas les mefmes: mais ce font les por-
tions d'iceux eftant diuifé par 3.

ZETETIQVE XIX.

Estans donnez deux cubes, trouuer
en nombre deux autres cubes, def-
quels la difference foit egale à la fomme
des donnez.

Soient les cubes donnez B C, D C, celuy-là plus
grand, celuy-cy plus petit le cofté du premier cube requis
foit [a] $B + A$, du fecond $\underline{Bq\,A} - D$, foient trouuez les cubes
$$Dq$$
d'iceux & comparez à BC + DC; on trouuera [b] $\dfrac{3DCB}{BC - DC}$
eftre egal à A.

C'eſt pourquoy le coſté du plus grand cube requis ſe-
ra B (BC + 2 DC, *du ſecond* [c] D (2BC + DC, *& la*
$$\frac{}{BC - DC} \qquad \frac{}{BC - DC}$$
difference de ces cubes eſt egale à BC + DC.

De ceſte ſorte on trouuera quatre cubes, deſquels le plus grand ſera egal aux trois reſtans.

Car ayant pris deux coſtez B *&* D. *celuy-la plus grand, l'autre moindre, le coſté du cube compoſé eſt faict ſemblable à* B (BC + 2 D, *le coſté du premier des particulieres* D (2BC + DC, *du ſecond* B (BC — DC, *du troiſieſme* D (BC — DC.

Soit B 2, D 1, *le cube de 20 ſera trouué egal aux cubes particuliers de 17, 14, & 7, c'eſt pourquoy eſtant donnees les cubes de 14 & 7, on donnera ceux de 20 & 17, & la difference de ceux-cy, ſera egale à la difference de ceux-là.*

SCHOLIE.

[a] Faut changer dans la verſion de Vaſſet B 4 A qu'il a mis pour B + A.

[b] Et DC — DC en BC — DC cela peut eſtre imputé à l'Imprimeur; car ces fautes ne ce rencontrent point au Latin.

[c] Mais celle-cy n'eſt pardonnable, & ne peut eſtre rejettée que ſur le meſme traducteur, ce qui eſt faute de ſçauoir la loy des Homogenes, ayant mis D par 2 BC — D par DC, au lieu de D (2BC + DC.
$$\frac{}{BC - DC}$$

ZETETIQVE

ZETETIQVE XX.

EStans donnez deux cubes, trouuer en nombre deux autres cubes, desquels la difference soit egale à la difference des donnez.

Soient deux cubes donnez BC & CD, celuy-là plus grand, & celuy-cy plus petit. Il faut trouuer deux autres cubes desquels la difference soit egale à BC—DC.

Le costé du premier cube soit A—D, du second $\frac{DqA}{Bq}$—D, & soient trouuez les cubes, & iceux com-

parez à BC—DC, on trouuera $\frac{3DBC}{BC+DC}$ estre egaux à A.

C'est pourquoy le costé du premier cube sera $\frac{D(2BC—DC}{BC+DC}$, du second $\frac{B(2DC—BC}{BC+DC}$, la difference des cubes est egale à BC—DC.

La mesme chose arriuera si le costé du premier cube requis estoit posé B—A du second $\frac{D—BEA}{DE}$.

Ainsi on peut trouuer quatre cubes, en sorte que deux d'iceux soient egaux aux deux autres.

Car estant pris deux costez B & D, celuy-la plus grand, l'autre plus petit, le costé du premier cube est fait semblable à D(2BC—DC, du second à B(2DC—BC, le costé du troisiesme à B(BC+DC,

celuy du quatriesme D (BC + DC. ou il est euident
par le procedé qu'il faut que BC, bien que plus grand
que DC, soit neantmoins moindre que 2 DC.

Soit B 5, D 4, le cube de 252, & de 248, est egal au
cube de 5, & 315. C'est pourquoy quand les cubes de
315, & 252, on exibera les cubes de 248 & 5, & la
difference de ceux-cy sera egale à la difference de ceux-
là.

SCHOLIE.

Vasset pour vous faire voir qu'il ne sçait dequoy
l'Autheur veut parler en ce Zetetique laisse la posi-
tion du costé du second cube requis ainsi qu'il la
trouuée, sçauoir $\dfrac{D q \; A}{B q}$ au lieu qu'il faut qu'elle

soit $\dfrac{D q \; A}{B q}$ — D. s'il eust douté de resoudre ce
Zetetique par ceste position il eust recognu son er-
reur.

LE CINQVIESME LIVRE DES ZETETIQVES.

ZETETIQVE I.

TRouuer en nombre trois plans, con-
stituans *vn quarré, & que dere-
chef ioinЄts deux à deux facent aussi *vn
quarré.

La somme des 3, plans soit le quarré de A+B. sça-
uoir Aq + 2 BA ᵃ † Bq. Et le premier auec le second
face Aq. Donc le 3, sera 2 BA † Bq. Le second auec le
troisiesme face le quarré de A—B, qui est Aq—2 BA
+Bq ; c'est pourquoy le premier plan sera 4 B A, qui
adiouste au troisiesme plan fait 6 B A +— Bq. Il reste
donc que ce composé du premier & troisiesme plan des
requis soit egal à quarré. Soit iceluy Dq; partant $\underline{Dq—Bq}$
sera egal à A.   6B

C'est pourquoy le premier plan semblable sera 24 Dq Bq
—24 Bqq, Le deuxiesme Dqq—26 Dq Bq+25 Bqq.

BB ij

Le troisiesme 12 Bq Dq + 24 Bqq.

Soit D 11, B 1, le premier plan est faict 2880^b. Le second 11520. Le troisiesme 1476. & satisfont aux conditions du Zetetique, mais afin qu'ils seruent encore autrement, qu'ils soient tous diuisez par quelque quarré, comme 36, & les plans viendront 80, 320, 41.

Soit D 6, B 1, Le premier plan est faict 840. Le second 385. Le troisiesme 456.

SCHOLIE.

Encore que l'Autheur ait dit seulement que les plans trouuez estant diuisez par vn quarré pouuoient aussi satisfaire au proposé, neantmoins il faut entendre qu'estant multipliez par vn nombre quarré, ils auront le mesme effet.

[a] Vasset eust assez bien commencé ce Zetetique s'il eust mis 2B par A seulement, au lieu de 2B par 2A, en ostant le 2 à A. [b] Et au contraire s'il eust escrit 288, pour 2280. qu'il a posez pour vn des plans, ainsi qu'il a aussi posé aux deux Zetet. suiuans il eust mieux faict. Ie croy que ses affaires l'ont empesché de regarder à ces choses & qu'il les eust mises en son errata s'il les eust veuës.

ZETETIQVE II.

TRouuer en nombres trois quarrez, differents entr'eux d'vne egale interualle.

Soit le premier Aq. Le second Aq $+$ 2BA$+$ Bq, donc le troisiesme sera Aq $+$ 4 B A $+$ 2 Bq, duquel le costé estant posé D $-$ A il est faict Dq $-$ 2D A $+$ Aq egal à Aq $+$ 4BA $+$ 2Bq.

C'est pourquoy $\dfrac{Dq - 2Bq}{2D + 4B}$ sera egal à A. donc le premier costé est faict semblable à Dq $-$ 2 Bq. Le second à Dq $+$ 2 DB $+$ 2 Bq. Le troisiesme Dq $+$ 4 D B $+$ 2 Bq.

Soit D 8, B 1, le costé du premier quarré est 62. celuy du second 82. le troisiesme 98. leurs quarrez sont 3844, 6724, 9604. Lesquels estans diuisez par vn quarré, comme 4, vient 961, 1681, 2401, & ces nombres different entr'eux d'egale interualle, ceux-là de 2880, ceux-cy de 720.

BB iij

ZETETIQVE III.

TRouuer en nombre trois plans ega-
lement diſtans, & que ioints deux
à deux facent vn nombre quarré.

Soient pris par le Zetetique precedent trois quarrez
differens entr'eux d'vne egale interualle, & que le pre-
mier & moindre ſoit Bq. le ſecond Bq + Dp. le troi-
ſieſme Bq + 2 Dp. Et que le premier & le ſecond
des trois plans æquidiſtans propoſez facent Bq. Le
premier & troiſieſme Bq + Dp. Finalement le ſecond
auec le troiſieſme Bq + 2 Dp. mais la ſomme des trois
ſoit A plan. Donc le troiſieſme ſera Ap — Bq, le ſe-
cond Ap — Bq — Dp, & le premier Ap — Bq — 2
Dp. C'eſt pourquoy ces plans ſeront equidiſtans ; car la
difference du premier & deuxieſme eſt Dp, comme auſſi
du ſecond & troiſieſme, il reſte maintenant afin que la
ſomme de ces trois plans qui eſt 3 Ap — 3 Bq — 3 Dp,
ſoit egale à Ap, que $\frac{3\,Bq + 3\,Dp}{2}$ ſoit egale à Ap.

Donc le premier plan ſera $\frac{Bq - Dp}{2}$ ſon quadru-
ple 2 Bq — 2 Dp.

Le ſecond $\frac{Bq + Dp}{2}$ ſon quadruple 2 Bq + 2 Dp.

Le troiſieſme $\frac{Bq + 3 Dp}{2}$ ſon quadruple 2 Bq + 6 Dp.

L'interualle, ſoit entre le premier & le ſecond, ſoit

entre le second *et* le troisiesme est 4 D p. Le premier
auec le second fait 4 B q. Le premier auec le troisiesme
4 B q + 4 D p, ce qui est quarré par l'hypotese pour
autant que B q + D p a esté proposé quarré. Le deuxiesme
auec le troisiesme 4 B q + 8 D p, aussi quarré par l'hy-
potese B q + 2 D p, ayant esté supposé egal à quarré.

Soit B quarré 961. D plan 720. Le premier plan
sera 482. Le second 3362. Le troisiesme 6242. leur in-
teruualle est 2880. Le premier auec le deuxiesme fait le
quarré de 62. *et* auec le troisiesme celuy de 82. Final-
lement le second auec le troisiesme le quarré de 98.

ZETETIQVE IV.

TRouuer en nombre trois plans, les-
quels ioints deux à deux, comme
aussi tous trois ensembles, auec un plan
donné facent quarré.

Soit le plan donné Z p. Et la somme du premier *et*
second des plans requis soit A q + 2 B A q + B q — Z p,
afin qu'adioustant à icelle somme Z p, elle face le quarré
de A † B. La somme du second *et* du troisiesme soit
A q + 2 D A + D q — Z p. De sorte qu'y adioustant
Z p, la somme soit le quarré de A + D Mais la som-
me des trois soit A q + G A + G q — Z p, afin que
luy adioustant Z p, elle face le quarré de A + G, *et*
quand de ceste somme on ostera le premier, *et* le second re-
stera pour le troisiesme plan 2 G A + G q — 2 B A — B q,

Pareillement oſtant d'icelle, la ſomme du ſecond & troiſieſme, reſtera pour le premier $2GA + Gq - 2DA - Dq$: donc la ſomme du premier & troiſieſme plan auec Zp, ſera $4GA + 2Gq - 2BA - Bq - 2DA - Dq + Zp$, laquelle doit eſtre egale à vn quarré, ſoit iceluy Fq, donc

$$\frac{Fq + Dq + Bq - 2Gq - Zp}{4G - 2B - 2D} \text{ ſera egal à } A.$$

Soit Z plan 3. B 1, D 2, G 3. F 10, A eſt 14, la ſomme du premier & ſecond plan 222, ſçauoir le quarré de 15, diminuée de 3. la ſomme du ſecond & troiſieſme 253, quarré de 16, diminué de 3. & la ſomme des trois eſt 286, pour le quarré de 17, diminué de 3. Donc le premier des plans requis ſera 33, le ſecond 189. le troiſieme 64, qui donnent ce qui eſt demandé.

ZETETIQVE V.

TRouuer en nombre trois plans, leſquels ioincts deux à deux, comme auſſi tous les trois, diminuez d'vn plan donné, conſtituent vn quarré.

Le plan donné ſoit Zp, la ſomme du premier & ſecond ſoit $Aq + Zp$, afin que d'icelle eſtant oſté Zp, reſte le quarré de A. La ſomme du ſecond & troiſieme $Aq - 2BA + Bq + Zp$ à cauſe qu'en ſouſtrayant Zp d'icelle, le reſte ſera le quarré de $A + B$. Finalement la ſomme des trois ſoit pour la meſme raiſon $Aq + 2DA + Dq + Zp$, afin que d'icelle eſtant oſté Zp le reſte ſoit

ſoit le quarré de A+D. Donc ſi de la ſomme des trois on ſouſtraict la ſomme du premier & du ſecond, reſtera pour le troiſieſme 2DA+Dq, & ſi de la meſme ſomme on oſte celle du ſecond & troiſieſme, reſtera pour le premier 2DA+Dq—2BA—Bq. & partant la ſomme du premier & troiſieſme diminuée de Zp, ſera 4DA+2Dq—2BA—Bq—Zp qui doit eſtre egale à quarré, ſoit icelluy F q. donc

$$\frac{Fq + Bq + Zp - 2Dq}{4D - 2B}$$

ſera egal à A.

Soit Zp3. B1. D2. F8. A eſt faict 10. la ſomme du premier & ſecond plan eſt 103, quarré de 10. plus 3. La ſomme du ſecond & troiſieſme 124, quarré de 11, augmenté de 3. La ſomme des trois 147, qui eſt le quarré de 12, auquel eſt adiouſté 3. Finalement l'aggregé du premier & troiſieſme 67. quarré, de 8, augmenté de 3. Donc le premier des plans requis ſera 23, le ſecond 80. & le troiſieſme 44. qui ſatisfont au requis.

SCHOLIE.

Vaſſet attribue ceſte ſomme du premier & troiſieſme plan, diminuée de Zp, au ſecond plan, ce qui eſt contre le propoſé, qui dit que cela doibt faire vn quarré, ce que demonſtre le procedé pour paruenir à l'equatió : mais ce qui l'a trópé c'eſt que adæquandū quadrato, n'eſt pas dás le texte, & n'eſtant biē ſçauant en ceſte ſcience, voyant qu'on parloit de la ſomme du premier & troiſieſme, il l'a concluë egale au ſecond plan.

CC

ZETETIQVE VI.

Trouuer infinis nombres quarrez, chacun desquels adioustez à vn plan facent quarré, comme aussi infinis qui diminuez du mesme plan reste vn quarré.

Soit Z plan, le plan donné, duquel le quart soit resolu en deux costez, desquels le produit soit le mesme comme en B, D, & de rechef F, G : c'est pourquoy 4 BD sont egaux à Zp, comme aussi 4 FG. Donc le quarré de [B—D] estant adiousté à Zp, c'est à dire à 4 fois le rectangle souz les costez sera quarré, sçauoir celuy de (B†D). Et derechef le quarré de (F—G) adiousté à Zp sera quarré, qui sera celuy de (F†G) : la mesme chose a aussi lieu en deux quelconques costez, à l'vn desquels sera apliqué le quart de Z p, & l'autre viendra de l'application.

Soit Z plan, 96. le quart duquel est 24. qui est faicte souz 1, & 24 ou souz 2, & 12, ou 3, & 8, ou 4, & 6. & souz vne grande quantité de nombres rompus, ou fractions. C'est pourquoy le quarré de 23, adiousté à 96, faict le quarré de 25, & le quarré de 10 adiousté à 96. faict le quarré de 14 & le quarré de 5. adiousté à 96 faict le quarré de 11. & le quarré de 2, adiousté à 96 faict le quarré de 10. & ainsi des autres.

Au contraire le quarré de (B†D,) diminuë de Zp. restera le quarré de (B—D). & le quarré de (F†G) diminuë de Zp. donnera le quarré de (F—G.

Comme 625—96 faict 529. quarré de 23. & 196—96. faict 100, quarré de 10.

ZETETIQVE VII.

TRouuer trois costez en nombre, de sorte que le plan faict soubz deux d'iceux en quelque façon qu'ils soient pris adiousté à vn plan donné, face vn quarré.

Le plan donné soit Z p. & ce qui est faict sous le premier & second costé soit B q — Z p, affin qu'adioustant Z p, la somme soit quarré, le mesme second costé soit A. le premier sera $\dfrac{Bq - Zp}{A}$ Ce qui est faict souz le second &

troisieme costé pour la mesme cause soit D q — Z p, le second costé demeurant A, le troisieme est faict $\dfrac{Dq - Zp}{A}$

il ne reste plus sinon que le produit du premier par le troisieme, c'est à dire, de $\dfrac{Dq - Zp}{A}$ par $\dfrac{Bq - Zp}{A}$ adiousté à Z p face quarré. Or si B q — Z p estoit quarré, comme F q, & D q — Z p. aussi vn quarré tel que G q l'equation seroit accomplie sçauoir en ce cas $\dfrac{Fq\,Gq + Zp\,Aq}{Aq}$ seroit

egal à quarré, ce qui ne seroit pas beaucoup dificile, en feignant le costé de ce quarré estre $\dfrac{FG = HA}{A}$ d'où s'ensuiuroit

que $\dfrac{HFG}{Hq - Zp}$ seroit egal à A, ou ce costé estant $\dfrac{FG + HA}{A}$ le *valeur de A seroit 2HFG & par ceste fiction H quar-*

$$\frac{2HFG}{Zp} - Hq$$

ré est plus grand que Z p. en ceste-cy Hq, est moindre que Zp. & soit par l'vne ou l'autre, l'equation subsistera tousiours entre A & 2HFG .

$$\overline{Hq = Zp}$$

Mais on peut trouuer infinis quarrez, qui ostez d'vn mesme plan donnent quarrè, & reciproquement infinis qui adioustez au mesme plan facent aussi quarrè. C'est pourquoy il n'est pas libre de prendre Bq, ou Dq, mais seulement tels qu'ils satisfacent aux conditions, sçauoir estisant F & G, au quarrè de chacun desquels adioustant Z p face vn quarrè, comme icy B q & D q, & ce faisant l'equation exposee aura lieu en quelque façon que ce soit.

Soit Z , plan 192. F 8. G 2. sois prise H 6. A est $\frac{16}{13}$ le premier costé 52. le second $\frac{16}{13}$. le troisieme $\frac{13}{4}$, le premier par le second faict 64, le second par le troisieme 4. le premier par le troisieme 169. ce qui est faict souz le premier & second auec 192 , est 256 , quarrè de 16. ce qui est faict du second & troisieme auec 192 est 196, quarrè de 14. finalement ce qui est faict sous le premier & troisie- me auec 192 est 361 quarre de 19.

SCHOLIE,

* **Vallet a peché par deffaut ayant obmis.** *restat igitur vt quod fit à primo in tertium, mettant seulement le second costé demeurant A, le troisieme est* $\dfrac{Dp - Zp}{A}$.

c'est à dire $\dfrac{Bq - Zp}{A}$ *par* $\dfrac{Dq - Zp}{A}$ *voila sa logique.*

Le mesme copiste n'a pas pris garde que l'autheur a entendu la supofition de ce quarré estre faicte de deux fortes, l'vne par la fomme, & l'autre par les differéces, ce que le mesme auteur a fait entendre par des termes expres en la suite, ainsi. *Et illa effictione prestat vt quadratum ipsi Z plano, hæc cedit.* Encore il seroit à excufer si il auoit couchée l'equation en ces propre termes ; mais pour 2 HFG fera egal à A il a mis

$$\frac{\text{H par F par à G}}{\text{A B}q = Zp.} \quad\text{fera egal à A.}$$

avec $Hq = Zp$

ZETETIQVE VIII.

TRouuer en nombre trois costez, en forte que du produit de deux d'iceux en quelque façon qu'ils soient pris est osté d'vn plan donné reste quarré.

Soit le plan donne Z p. & ce qui est faict sous le premier & second soit posé B q † Zp. affin que Z p. en estant osté reste Bq, le mesme second coste soit A, donc le premier coste sera $\frac{Bq + Zp}{A}$, ce qui est fait sous le secõd & troisieme pour la mesme cause soit Dq † Zp. le second coste demeurant A, le troisieme est $\frac{Dq + Zp}{A}$. Il reste maintenant que ce qui est faict sous le premier, & le troisieme c'est à dire de $\frac{Bq + Zp}{A}$ par $\frac{Dq + Zp}{A}$ diminuë de

Z p. soit quarré.

Que si B q + Z p, estoit quarré, ainsi que F q, & D q + Z p. aussi q carré tel que G q. l'equation seroit accomplie; sçavoir $\dfrac{FqGq - ZpAq}{Aq}$ seroit egal à quarré ce qui n'est pas beaucoup difficile à resoudre en seignant le costé de ce quarré $\dfrac{FG - HA}{A}$, dequoy s'ensuivroit

que $\dfrac{2\,H\,F\,G}{Zp + HA}$ seroient egaux à A.

Mais il est permis de trouver infinis quarrez qui adioustez à vn plan donnent quarré & reciproquement infinis, desquels estant osté le mesme plan reste quarré. C'est pourquoy il n'est pas au choix d'eslire B q & D q, mais il faut les prendre tels qu'ils s'accordent avec les conditions: en elisant les costez F & G, en sorte que le quarré de chacun d'iceux moins Z p. facent quarré, comme en ce lieu B q & D q. par ainsi l'equation qui est exposée aura lieu.

Soit Z plan, 40. F 7. G 11. B est faict 3 & D 9. soit pris H 24. A est faict 6. le premier costé 49. le second 6, & le troisieme $\dfrac{121}{6}$ ce qui est faict du premier par le second 49, qui diminuë de 40. reste 9. nombre quarré, & le produit du second par le troisieme 121. duquel osté 40. reste 81 nombre quarré, le produit du premier par le troisieme est 5929 qui diminuë de $\dfrac{1440}{36}$ c'est 40. reste $\dfrac{4489}{36}$ nombre quarré duquel la racine est $\dfrac{67}{6}$.

ZETETIQVE IX.

Rouuer en nombre ʋn triangle re-
ctangle, duquel l'aire adiousté à ʋn
plan donné composé de deux quarrez face
ʋn quarré.

Le plan donné soit Zp composé de Bq & Dq. soit sup-
posé ʋn triangle rectangle du quarré de la somme des co-
stez B, D. & du quarré de leur difference; donc l'hypote-
nuse semblable sera 2 Bqq + 12 Bq Dq + 2 Dqq, la
base 8 BD Zp. la perpẽdiculaire le produit du quarré de
(B + D) par 2 fois le quarré de (B — D) le tout apliqué
à (B†D) par 2 fois le quarré (B—D) l'aire semblable
sera 2 B D Z p adionstez-y Zp, pour autant que le quarré
$$\frac{(B-D)q}{}$$
de (B — D) + 2BD est egal au quarré de B & D c'est à
dire egale à Z plan, la somme sera $\dfrac{Zpp}{(B-D)q}$ quarré de $\dfrac{Zp}{B-D}$.

Soit Z plan 5, D 1, B 2. le triangle rectangle sera de ce-
ste sorte l'aire 20 c'est à dire 20. adioustes-y 5, la somme
$$\frac{}{36}$$
est 25, duquel la racine quarrée est 5.

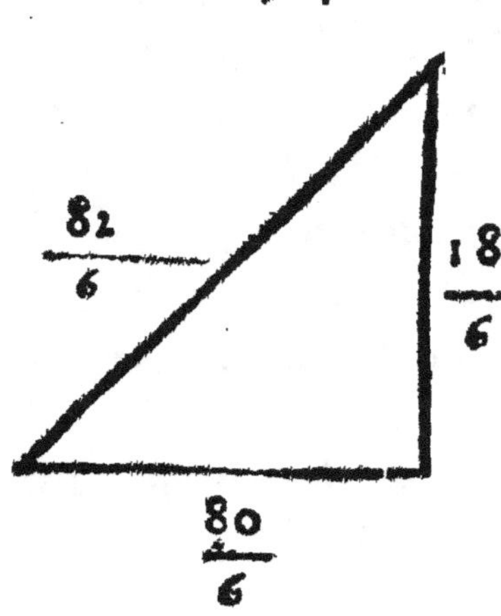

SCHOLIE.

* Dansle texte de l'autheur il y a feulement B D Z p que Vaffet a fuiuy, aymant mieux faillir que de corriger vne faute d'impreffion, ou bien faulte d'examiner le Zetetique.

Au triangle les nombres font mal cottés tant au latin qu'en la verfion de Vaffet & doiuent eftre $\frac{82}{6}$,

$\frac{80}{6}$, $\frac{18}{6}$.

ZETETIQVE X.

TRouuer en nombre ᵕn triangle rectangle, l'aire duquel diminuée d'vn plan donné face ᵕn quarré.

Soit le plan donné Zp, autrement 2BD, & soit
faict vn triangle rectangle du quarré de la somme des
costez B, D, & du quarré de la difference d'iceux; donc
l'hypotenuse semblable sera 2 Bqq + 12 BqDq + 2 Dqq.
La base 4 ZpBq + 4 Zp Dq. La perpendiculaire, le
quarré de (B+D) par deux quarrez de (B—D). Le
tout appliqué à (B +— D) par deux fois le quarré de
(B—D), l'aire sera faicte semblable à * $\dfrac{BqZp + DqZp}{B—D)q}$

soustrayez-en Zp. pour autant que Bq +— Dq — le
quarré de (B—D) vaut Zp, le reste sera $\dfrac{ZPP}{B—D)q}$
quarré de $\dfrac{ZP}{D—B}$.

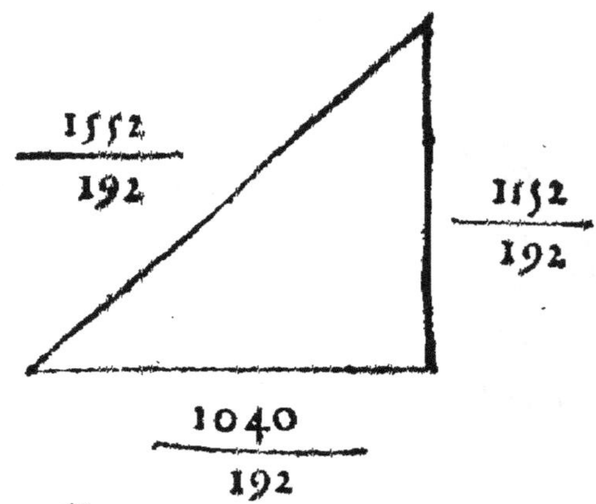

Soit D1, B5. pourquoy Zp sera 10. le triangle
rectangle sera de ceste sorte, l'aire $\dfrac{599040}{36864}$ de laquelle
osté 10 reste $\dfrac{230400}{36864}$ quarré de la racine $\dfrac{480}{192}$ ou $\dfrac{10}{4}$.

SCHOLIE.

* Vasset ayant suivy en ce lieu le vice de l'Im-
primeur, posant l'aire estre $\dfrac{BqZp + DqZp}{B + D)q}$, pour

DD

$$\frac{BqZp + DqZq}{B - D)q},$$ mais au nombre de l'hypotenuſe

du triangle, outre le vice de l'impreſſion latine qui poſe contre la verité icelle eſtre $\frac{1452}{192}$, il l'a faict eſtre

$\frac{1432}{192}$ & elle doibt eſtre $\frac{1552}{192}$.

ZETETIQVE XI.

TRouuer en nombre ʋn triangle re-ctangle, duquel l'aire oſtée d'ʋn plan donné face quarré.

Soit le plan donné Z plan, autrement 2BD. Et ſoit faict ʋn triangle rectangle de la ſomme des coſtez B, D, & de la difference d'iceux, l'hypotenuſe ſera ſemblable à 2Bqq + 12BqDq + 2Dqq la baſe à 4BqZp + 4DqZp. & la perpendiculaire au quarré de (B+D) par deux fois le quarré de (B—D). le tout appliqué à B—D par deux fois le quarré de (B†D), l'aire eſt faite ſemblable à $\frac{BqZp + DqZp}{B + D)q}$ laquelle oſtée de Zp. pour autant que le quarré de (B+D). moins Bq†Dq eſt egal à 2BD le reſte ſera $\frac{Zpp}{B†D)q}$ qui eſt le

quarré de $\frac{Zp}{B+D}$.

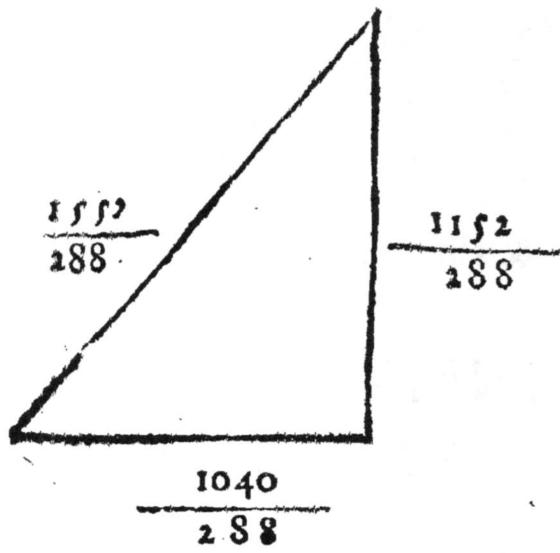

Soit D 1, B 5, partant Zp 10. le triangle rectangle
sera tel. l'aire $\frac{599040}{82944}$ estant ostée de 10, restera

$\frac{230400}{82944}$ quarré de la racine $\frac{480}{288}$ ou $\frac{5}{3}$.

ZETETIQVE XII.

TRouuer en nombre trois quarrez,
tels que le plan-plan faict souz deux
d'iceux, en quelque façon qu'ils soient pris
adiousté au produict faict de la somme
d'iceux par le quarré d'vne longueur don-
née, face quarré.

La longueur donnée eſtant X, ſoit le premier quarré Aq —2 XA —+ Xq, duquel la racine eſt A—X. le ſecond Aq, duquel la racine eſt A. le troiſieſme 4Aq—4 XA+4 Xq. Donc le produit du premier par le ſecond, auec le produict de la ſomme du premier & du ſecond par Xq, ſera le quarré de la racine plane Aq—XA—+ Xq. Et par le produict du ſecond, & troiſieſme, auec celuy de leur ſomme par Xq ſera faict le quarré de la racine plane 2 Aq—XA†2Xq. Et par le produict du premier par le troiſieſme auec le produict de leur ſomme par Xq ſera faict le quarré de la racine plane 2 Aq—3XA+3Xq. ſoit la racine du quarré qui doibt egaler le troiſieſme D—2A, donc Dq—4Xq ſera egal à A.

$$\overline{4D—4X}$$

Soit X 3, D 30, A eſt 8. Donc les quarrez requis ſont, le premier 25, le ſecond 64, le troiſieſme 196, leſquels ſatisferont au requis. D'autant que ce qui eſt faict du premier par le ſecond adiouſté à 801, faict 2401, quarré de 49. De rechef ce qui eſt faict ſouz le ſecond & le troiſieſme, adiouſté à 2340. faict 14884, quarré de 122. Finalement ce qui eſt faict du premier par le troiſieſme adiouſté à ⁎ 1989, faict 6889 quarré de 83. Encore ſi chacun des meſmes quarrez en particulier eſt adiouſté au double du quarré de la longitude donnee, il ſe fera trois plans, deſquels le plan-plan faict ſouz deux d'iceux diminue du plan-plan faict de leur ſomme par le quarré de la longueur donnee le reſte ſera quarré : comme en la ſuppoſition 18 eſt le double du quarré de la longueur donnee qui adiouſté à chacun des quarrez faict trois plans : Le premier 43, le ſecond 81, le troiſieſme 214, leſquels ſatisferont au requis ; car ce qui eſt faict du premier & ſecond diminue de 1125, le reſte

sera le mesn. 401. Et derechef ce qui est faict du se-
cond par le troisiesme diminué de 2664, restera le mes-
me 14884. & finalement ce qui est faict du premier
& troisiesme moins 2313 le reste sera le mesme 6889.

SCHOLIE.

* Vasset à mis les mesmes nombres que dans
le texte latin sçauoir 1089 & 6989, pour lesquels
il faut lire 1989, & 6889.

ZETETIQVE XIII.

Coupper vne longueur donnee, en sorte qu'adioustant au premier seg-
ment B, au second D, le pro-
duict faict des sommes soit quarré.

Le premier segment soit A—B, donc l'autre sera
X—A†B. C'est pourquoy adioustant B au premier la
somme sera A, & au second D, la somme sera X—
A†B†D. Partant XA—Aq†BA+DA. doibt estre
egal à quarré. soit la racine $\frac{SA}{X}$ son quarré est $\frac{SqAq}{Xq}$
Donc $\frac{(X-+B-+D)}{Sq-+Xq}$ par Xq sera egal à A. suiuant
les positions, le premier segment sera $\frac{XC+DXq—BSq.}{Sq-+Xq}$
l'autre $\frac{XSq†BSq—DXq:}{Sq+-Xq}$ par conjequent, affin que
la soustraction puisse estre faicte il faudra que **☊** Sq soit

moindre que $\dfrac{XC \dagger XqD}{B}$ mais plus grand que $\dfrac{XqD}{B+X}$.

Soit X 4, B 12, D 20, il faut que Sq. soit moindre que $\dfrac{64 \dagger 320}{12}$ ou 32. mais plus grand que $\dfrac{320}{12 \dagger 4}$ c'est à dire 20.

soit donc ce quarré 25, le premier segment sera $\dfrac{84}{41}$ le second $\dfrac{80}{41}$ celuycy auec celuy qui luy doit estre adiousté sera $\dfrac{900}{41}$ celuy-là $\dfrac{576}{41}$, ce qui sera produict de l'un par l'autre $\dfrac{518400}{1681}$ quarré ayant sa racine $\dfrac{720}{41}$.

Soit X 3, B 6, D 15, il faudra que S q. soit moindre que 18, mais majeur que 11, $\dfrac{1}{4}$ soit 16. le premier segment sera $\dfrac{18}{25}$, l'autre $\dfrac{57}{25}$ auec leurs adioustez, celuy-cy sera $\dfrac{432}{25}$ celuy-là $\dfrac{243}{25}$ ce qui est faict souz iceux $\dfrac{156816}{625}$ quarré ayant pour racine $\dfrac{324}{25}$.

SCHOLIE.

A. Qu'il soit necessaire que Sq soit moindre que $\dfrac{XC \dagger XqD}{B}$ mais plus grande que $\dfrac{XqD}{B+X}$ il est euident, pour autant que si cela n'estoit $XC \dagger XqD$ ne seroit pas plus grand que SqB. Et partant le premier segment qui est $\dfrac{XC \dagger XqD - SqB}{Sq \dagger Xq}$ seroit vne grandeur priuatiue. Pareillement Sq estant moindre que $\dfrac{XqD}{B+X}$, SqB $\dagger$ SqX seroit moindre que XqD, & par consequent le second segment

$$\frac{BSq + XSq - XqD}{Sq + Xq}$$ soit grandeur nyée contre

ce qui est requis.

✥✥✥✥✥✥✥✥✥✥✥✥✥✥✥✥✥✥✥✥✥

ZETETIQVE XIV.

Faire que Aq moins G plan soit egal à un quarré, lequel soit plus petit que DA & plus grand que BA.

Soit supposé le quarré de A—F, donc $Aq - 2FA + Fq$ sera egal à Aq—Gp, & par consequent $\frac{Fq + Gq}{2F}$ egal à A: mais pour autant que Aq—Gp est moindre que DA, aussi Aq sera moindre que DA+Gp. De rechef Aq—DA sera moindre que Gp; & partant A sera faict moindre $v(\frac{1}{4}Dq + Gp) + \frac{1}{2}D$. Or soit posé S, estre egal à ª $v(\frac{1}{4}Dq + Cp) + \frac{1}{4}D$. ou moindre selon les conditions suiuantes, donc A, sera moindre que S. au contraire, pour autant que Aq—Gp, est plus grand que BA, Aq est plus grand BA+Gp; c'est pourquoy A est plus grand que ᵇ $v(\frac{1}{4}Bq + Gp)$ $+ \frac{1}{2}B$. & soit posé R, estre egal ou plus grand que $v(\frac{1}{4}Bq + Gp) + \frac{1}{2}B$. moindre neantmoings que S, donc A sera plus grand que R, & sera constitué en-

tre S , & le mesme R , affin quil soit aussi entre
$v(\frac{1}{4} Dq + Gp) + \frac{1}{2} D$ & $v(\frac{1}{4} Bq + Gp)$
$+ \frac{1}{2} B$; c'est pourquoy $Fq + Gp$ sera moindre que $2 SF$,

mais majeur que $2 R F$; partant F, ne doit pas estre prise
à plaisir; mais telle quelle soit entre les limites constituez,
pour le Zetetique soit icelle E ; donc $2 SE - Eq$, serõt plus
grands que Gp, d'où vient qu'on prendra F, moindre que
$S + v(Sq - Gp)$ au contraire $2 RE - Eq$ seront plus
grands que G plan, c'est pourquoy F, sera prise plus grande
que $R + v(Rq - Gp)$.

Soit G plan 60, B5, D8, A, sera moindre que $v 76 + 4$,
c'est à dire $v(Dq + Gp) + \frac{1}{2} D$: mais plus grãd que
$v\frac{295}{4} + \frac{5}{2}$ c'est $v(Bq + Gp) + \frac{1}{2} B$. si on prend donc
12, qui sont moindres que $v 7 6, + 4$, (car la valeur de 12,
$v 6 4 + 4$.) & plus grands que $v\frac{265}{4}, + \frac{5}{2}$
& 11. plus grands que $v\frac{265}{4} + \frac{5}{2}$ mais moindre que
12. & qu'on face S12, & R 11, F, doit par consequent estre
prise en sorte quelle soit moindre que $12 + v84$ mais plus
grande que $11 + v61$. Or 21 est moindre que $12 + v84$. & 19.
majeur que $11 + v 61$. C'est pourquoy F sera commodement
esleuë 21, ou 19, ou quelque autre nombre rationnel compris
entre iceux, soit icelle 20. A. sera $11\frac{1}{2}$.

De cecy est tirée la solution du probleme proposé par
l'Epigramme Grec suiuant,

„ Ὀκταδράχμυς κὴ πεντταδράχμυς χέας τις ἔμιξε,
„ Τοῖς προπολοῖς ποιεῖν χρηστόν, ἐπιτεταγμήνος
„ Κὴ τιμὴν ἀπέδωκεν ὑπὲρ πάντων πετράγωνον,
„ Τὰς ἐπιταχθείσας δεξάμηνος μοναδάς,
„ Κὴ ποιοῦντας πάλιν ἕτερόν σε φέρειν πετράγωνον
„ Κτησάμηνον πλευρὰν συνθεμα τῶν χοέων.
„ Ὥστε διάφελον, τῆς ὀκταδράχμυς ποίησον,
„ Κὴ πάλιν τῆς ἑτέρυς, παῖ, λέγε πεντταδράχμυς.

σωθεμα τῶν χοέων	$11\frac{1}{2}$	A
πεντάδραχμοι	$6\frac{7}{12}$	
ὀκτάδραχμοι·	$4\frac{11}{12}$	

τιμὴ πεντταδραχμῶν	$32\frac{11}{12}$	B in A
τιμὴ ὀκταδραμῶν	$39\frac{1}{3}$	D in A
τιμὴ σύμπασα	$72\frac{1}{4}$ πετράγωνος	A quad. / Z plano

μόναδες	60	Z planum
προσθεσις τιμῆς κὴ μοναδῶν	$132\frac{1}{4}$	
πετράγωνος κτησάμηνος πλευρὰν·	$11\frac{1}{2}$	A quad.

EXPLICATION.

On propose de deux sortes de vin à meslanger,
la mesure du premier desquels vaut 8. pieces, telles
que les Grecs appelloient drachmes, celle du second 5.

EE

pieces : & le prix de toutes les mesures est vn nombre quarré, lequel adiousté auec vn nõbre, comme 60 faict aussi vn nombre quarré, duquel le costé est egal à la somme des mesures du vin meslé, on demande combien il a de mesures de chacun prix, c'est à dire combien au meslangé il y a de mesures du vin à huict pieces, & combien de celuy à cinq pieces.

Diophante a traicté ce Zetetique en la derniere question de son cinquieme liure. C'est pourquoy aussi nous finirons par iceluy nostre cinquieme liure des zetetiques.

SCHOLIE.

[a] Le texte latin est corrompu en ce lieu, & faut entendre pour, *præstare, cedere.* [b] & icy *præstare* pour *cedere.* Ou bien pour mieux faire n'y mettre n'y l'vn n'y l'autre, cela est libre d'autant que c'est assez que de prendre S, egalle [a] $\sqrt{(\frac{1}{4}\,Dq + Gp)} + \frac{1}{2}\,D$ &

R, à $\sqrt{(\frac{1}{4}\,Bq + Gp)} + \frac{1}{2}\,B$, comme n'estant les especes d'elle mesme rationnelles ny irationnelles sinon à cause des nõbres que l'on leur attribuë, & que la supofition de S, egale ou moindre & de R, egale ou plus grand, est afin que le nõbre estant iratiõnel on en prenne vn ratiõnel selon la condition; car le nombre de la valeur de $\sqrt{(\frac{1}{4}\,Dq + Gp)}$

$+ \frac{1}{2}\,D$, estant rationnel, S sera posé egal à ce nombre & ainsi de R, ce qui aduiendra posant D, eſtre 28 & B4 & $\sqrt{(\tfrac{1}{4} D + Gp)} + \tfrac{1}{2} D$, ſeroit 30

pour la valeur de S. & R, ſera 10.

La raiſon, pourquoy S, ne doit pas eſtre priſe plus grande que $\sqrt{(\tfrac{1}{4} Dq + Gp)} + \tfrac{1}{2}$ & R, moindre que $\sqrt{(\tfrac{1}{4} Bq + Gp)} + \tfrac{1}{2} B$, c'eſt qu'õ pourroit ſta-tuer A, entre S & R, & neanmoins il ne ſeroit pas cõſtitué entre $\sqrt{(\tfrac{1}{4} Dq \dagger Gp)} + \tfrac{1}{2} D$, & $\sqrt{(\tfrac{1}{4} Bp \dagger G\bar{p})} + \tfrac{1}{2} B$ à cauſe qu'il pouroit eſtre plus grand que $\sqrt{(\tfrac{1}{4} Dq + Gp)} + \tfrac{1}{2} D$ & moindre que S, &c. ce qui ſeroit contre les conditions du requis ; c'eſt pourquoy il faudra prendre S, & R. ſuiuant les conditiõs que nous auons expoſées. Ie m'eſtonne d'Anderſon lequel dans ſon liure iutitulé, *Exercitationes Mathematicæ, exercitatio quarta*, auquel lieu il a voulu expliquer ce Zetetique, aye ſuiui le deffaut, veu que dans les nombres du meſme Zetetique, l'autheur donne à cognoiſtre ſon intention, lorſqu'il prend 12. moindre que $\sqrt{76 \dagger 4}$, & 11. plus grand que $\sqrt{265} + \tfrac{5}{2}$, ce que ledit Anderſon a changé aymant mieux ſuiure l'operation & la faute qu'il y auoit dans les eſpeces, que de ſuiure la verité qui ce rencontre en l'operation des nombres, & croyoit auoir beaucoup faict d'eſtendre les limites entre leſquelles doit eſtre cõſtitué la valeur de F, ſçauoir à 23 & 17. par le moyé deſquels on ne peut ſatisfaire vniuerſelemét au requis, ce qu'eſt facile à prouuer; pour

autaht que si F, est posée 17. lors A viendra à valoir,
seulement 10 $\frac{9}{34}$ & partât hors des limites trouuez

estant moindre que le plus petit d'iceux, qui est
$\sqrt{\frac{265}{4}}$ † 5 $\frac{}{2}$. si derechef F, est posé 17 $\frac{1}{2}$ A, sera lors

10 $\frac{65}{140}$ moindre aussi que le plus petit limite, & qui

par consequent ne pourra satisfaire au requis ; on trouuera vne infinité d'autres nombres constitués entre les limites d'Anderson qui n'auront pas les conditions requises, c'est pourquoy son opinion que S, doit estre pris egal ou plus grand que $\sqrt{(\frac{1}{4}Dq † Gp)}$ † $\frac{1}{2}$ D & R, egal ou moindre que

$\sqrt{(\frac{1}{4}Bq † Gp)}$ † $\frac{1}{2}$ B. doit estre reiettée comme

contraire au desseing de l'autheur, & ne donner yniuersellement la solution du Zetetique.

Et ce qui confirme cecy est que les nombres pris par l'autheur, sont les mesmes que ceux de Diophante sur la mesme question.

b Pour entendre cecy faut côceuoir que 2SE—Eq soit egal à Hp, donc par la resolution du quarré affecté souz le costé par negation Sq † v(Sq—Hp). sera egal à E. mais Hp, estant maieure que Gp, aussi S † v(Sq—Gp) sera plus grãd que S † v(Sq—Hp) c'est à dire que F.

La resolution de ceste affection de negation inuerse ce faict en posant 2S, la somme des extremes de 3 proportionnelles, & le quarré de la moyenne Hp, & l'vne des extremes est E, la plus grande ou la moindre, pour trouuer la majeure extreme, on

prend le quarré S, de laquelle on oſte Hp mais ſi on
a oſté Gp, & du reſte on extraict le coſté lequel ad-
iouſté à la meſme S, faict la plus grande extreme
lors que Hp, a eſté oſtéde Sq, & vne moindre que la
plus grande extreme lors que Gp, a eſté oſté du meſ-
me pour les cauſes cy deſſus dites.

Or pour autant qu'en la reſolution, de la nega-
tion inuerſe de 2 SE—Eq : plus grand que G, il ar-
riue deux ſolutions eſtant priſes, comme vne equa-
tion de ceſte eſpece. Il arriuera pour les cauſes
cy deſſus dictes que S + v (S q — G p) eſtant plus
grand que E, c'eſt à dire F, en la premiere reſolution
au contraire, F ſera plus grande que S—v(Sq—Gp)
en la 2ᵉ: pareillement R + v(Rq—Gp) eſtant moin-
dre que F en la premiere reſolutió, en la ſecõde R—
v(Rq—Gp) ſera plus grand que F. tellement que F
peut eſtre eſleuë ou entre 12 + v(84). & 11 + v61, ou
bien entre 12—v84. & 11 — v61 & toute les deux
ſatisferont à la queſtion les dernieres limites ont e-
ſté oubliez dans le texte de l'autheur auſquels il
faut ſupleer : que F, eſtant eſleuë entre 12—v84: &
11—v61 ſerue au propoſé nous en donnerons vne
exemple 3. ſont plus grands que le moindre limite
12 — v84 & moindre que le plus grand, ſi donc 3 eſt
poſé la valeur de F. 169⁄6 c'eſt à dire 11 ⁱ⁄2 ſeront e-

gaux à A, comme cy deſſus on l'auoit trouué par le
moyen des premiers limites.

Ie n'ay voulu prendre la peine de corriger les fau-
tes que Vaſſet a faict en la traduction de ce Zete-
tique à cauſe qu'il en eſt ſi remply que pour les cor-
riger il faudroit effacer le papier ſur lequel ce Ze-
tetique eſt Imprimé.

Aduertissement.

LE Lecteur sera aduerty, de coriger quelque fautes qui ont esté commises par l'Imprimeur en ces 5. liures des Zetetiques.

Premierement en la page 24. ligne 17. & 18. pour, & restera RF—SB, egal à RF—RD, faut lire SB—SE, est egal à RD—RF. ceste faute ce trouuera corrigée en quelque vns.

Dans le procedé du deuxieme Zetetique du 4e. liure faut entendre pour les signes de difference des moins absoluement.

Quand on trouuera quelque especes enfermez de parenteses ou bien vne apres icelles & qu'il y aura quelque autre espece apres, elle doit entenduë multipliée par celles qui sont enfermées, comme (D†B)F, c'est à dire D, auec B, multiplié parF. s'il y a, q. lors c'est à dire le quarré des especes enfermées comme B+D)q. font le quarré de B†D. si deuant quelque espece ou quelque nombre on rencontre la letre V, cela signifie qu'il faut prendre la racine quarrée de l'espece ou nombre, estant seuls, ou bien de plusieurs coniointemét, si apres V, il y a plusieurs especes ou nombres enfermés entre deux parenteses, comme v Bp. v28. v (Bq†Gp)

&c. quand apres **V**, ce rencontre **C**, deuant les
especes ou nombres cela signifie qu'il faut extraire
la racine cubique comme v C18. v CDS , &c.

    Pour les autres fautes de l'impression lesquelles
n'aporte rien de contraire à la science, comme les
changemens de lettres ou autrement, le Lecteur est
prié de les coriger lors qu'il les trouuera.

F I N.